你应该知道的科技常识

沙金泰　曲　凯　王淑云　编著

吉林人民出版社

图书在版编目(CIP)数据

你应该知道的科技常识 / 沙金泰, 曲凯, 王淑云编
著 . -- 长春 : 吉林人民出版社, 2012.4
(青少年常识读本 . 第1辑)
ISBN 978-7-206-08793-6

Ⅰ.①你… Ⅱ.①沙… ②曲… ③王… Ⅲ.①科学技
术 – 青年读物②科学技术 – 少年读物 Ⅳ.①N49

中国版本图书馆 CIP 数据核字(2012)第068495号

你应该知道的科技常识

NI YINGGAI ZHIDAO DE KEJI CHANGSHI

编　　著:沙金泰　曲　凯　王淑云
责任编辑:刘子莹　　　　　　　　封面设计:七　洱
吉林人民出版社出版 发行(长春市人民大街7548号　邮政编码:130022)
印　　刷:北京市一鑫印务有限公司
开　　本:670mm×950mm　　　　　1/16
印　　张:13　　　　　　　　　字　　数:150千字
标准书号:ISBN 978-7-206-08793-6
版　　次:2012年7月第1版　　　印　　次:2023年6月第3次印刷
定　　价:45.00元

如发现印装质量问题,影响阅读,请与出版社联系调换。

目录 CONTENT

目 录 CONTENT

目录 CONTENT

目录 CONTENT

遥感技术

遥感一词来源于英语"Remote Sensing"，其直译为"遥远的感知"，是20世纪60年代发展起来的一门对地观测的综合性技术。遥感技术开始应用于航空，始自1972年美国发射了第一颗陆地卫星以后，这也标志着航天遥感时代的来临。

遥感是利用遥感器从空中来探测地面物体性质的。它根据不同物体对波谱产生不同响应的原理，识别地面上各类事物。具有遥远感知事物的意思。也就是利用地面上空的飞机、飞船、卫星等飞行物上的遥感器收集地面数据资料，并从中获取信息，经记录、传送、分析和判读来识别地上的物体。

● 遥感的特点

遥感探测能在较短的时间内，从空中乃至宇宙空间对大范围地区进行对地观测，遥感用航摄飞机飞行高度为1万米左右，而陆地卫星的卫星轨道高度达91万米左右，一张陆地卫星图像，其覆盖面积可达3万平方千米。这些有价值的遥感数据拓展了人们的视觉空间，为宏观地掌握地面事物的状况创造了极为有利的条件，同时也为研究自然现象和规律提供了宝贵的第一手资料。这种先进的技术手段是传统的手工作业不可同日而语的。

遥感技术获取信息的速度快、周期短，能动态反映地面事物的变化。由于卫星围绕地球运转，能周期性地对同一地区进行循环观测，从而及时获取所经地区的各种自然现象的最新资料。尤其是在监测天气状况、自然灾害、环境污染甚至军事目标等方面，遥感的运用就显得格外重要，这是人工实地测量和航空摄影测量都无法比拟的。

在地球上有很多自然条件极为恶劣，人类难以到达的地方，如沙漠、沼泽、高山峻岭等，采用不受地面条件限制的遥感技术，特别是航天遥感可方便及时地获取各种宝贵资料。

利用遥感技术获取信息的手段多，所得信息量大。根据不同的任务，遥感技术可选用不同波段和不同遥感仪器来获取信息。例如可采用可见光探测物体，也可采用紫外线、红外线和微波探测物体。利用不同波段对物体不同的穿透性，还可获取地物内部信息。例如，地面深层、水的下层、冰层下的水体、沙漠下面地物的特性等。此外，微波波段还可以全天候地工作。

●遥感技术的应用

目前遥感技术被广泛用于军事侦察、导弹预警、军事测绘、海洋监视、气象观测和互剂侦检等。在民用方面，遥感技术被广泛用于地球资源普查、植被分类、土地利用规划、农作物病虫害和作物产量调查、环境污染监测、海洋研制、地震监测等方面。遥感技术总的发展趋势是：提高遥感器的分辨率和综合利用信息的能力，研制先进遥感器、信息传输和处理设备以实现遥感系统全天候工作和实时获取信息，以及增强遥感系统的抗干扰能力。

在未来的十年中，预计遥感技术将步入一个能快速、及时提供多种对地观测数据的新阶段。遥感图像的空间分辨率、光谱分辨率和时间分辨率都会有极大的提高。其应用领域随着空间技术的发展，尤其是地理信息系统和全球定位系统技术的发展及相互渗透，将会越来越广泛。

超导技术

1911年，荷兰科学家昂内斯用液氦冷却水银，当温度下降到4.2K(相当于-269℃)时发现水银的电阻完全消失了，出现了"零电阻"现象。由于没有一丝一毫的电阻，因而电量能从其中毫无阻碍地穿过，这种现象被称为超导电性。1933年，迈斯纳和奥克森菲尔德两位科学家发现，如果把物体放在低温磁场中冷却，在其电阻消失的同时，也开始排斥磁场，这种现象被称为抗磁性。零电阻和完全抗磁性是超导体具有的两个基本特性。

由于物体电阻的消除，使能量可以在穿过其中时不发生热损耗，可以毫无阻力地在导线中形成强大的电流，产生强大的磁场。超导材料的应用为人类展现出一个前景十分广阔的领域，并将会对人类社会的发展产生深远影响。

● 超导材料的广泛应用

自从高温超导体被发现以来，超导体的研究取得了巨大进展，使全世界经受了一次"科技冲击波"的冲击。超导体在信息系统和兵器领域的应用前景十分激动人心；超导体在交通领域越来越广泛的应用更加与人们息息相关；高温超导体为人类奉献大量能源的设想是人类长期以来的梦想。

利用超导材料制成的仪器可以探测很微弱的磁场，因而可侦察遥远的目标，如潜艇、坦克的活动。而超导体开关对某些辐射非常敏感，可探测微弱的红外线辐射，为军事指挥作出正确判断并提供直接的依据，为探测天外飞行器，如卫星或宇宙不明飞行物提供高灵敏度的信息。

使用超导材料制作计算机元件可使计算机的体积大大缩小，功耗显著降级，运用超导数据处理器可以使计算机获得高速处理能力，其速度是现有大型电子计算机运算速度的15倍。

用超导技术制成的核潜艇的超轻型推进系统能使核潜艇的速度和武器装载量增加一倍，而核潜艇的自身重量减小一半，可谓一举两得；火箭发射的初期必须在发射架上滑行，由于机械接触，速度越快，振动越激烈，容易损坏发射架，因此必须限制火箭的发射速度。而利用超导抗磁性产生的悬浮技术，使火箭通过电线圈沿轨道发射，可以产生强大的电磁力，从而使火箭全速升空。

超导磁悬浮列车是人们最早想到的超导技术应用。20多年前人们就设想利用超导技术制造悬浮列车，实现铁路运输的高速化。与普通磁悬浮列车相比，超导列车更加节能，由于超导体没有电阻，不消耗电能，只在将其冷却到超导状态时需要用电。已经投入使用的电动汽车由蓄电池组和电动机组成。由于蓄电池的储电能力有限，所以此类汽车一次行程较短。利用高温超导体可以极大减少蓄电池的功率损失，提高储电容量，增加供电能力。这样，电动汽车将可能风行世界，对减少大气污染和简化汽车结构，无疑将是十分有利的。

此外用超导材料制成的超导发电机、超导变压器能极大地减少能源损耗，提高能源使用效率，可以在电力领域为人类提供更多的能源。

人工智能

人工智能一词最初是在1956年达特茅斯大学学会上提出的，从那以后，研究者们发展了众多理论和原理，人工智能的概念也随之扩展，对其的科学研究也开始快速发展，成为一门广泛的交叉和前沿科学。总的说来，人工智能的目的就是让计算机这台机器能够像人一样思考。

从20世纪80年代开始，人工智能前进的脚步更为迅速，已经能够胜任一些通常需要人类智能才能完成的复杂工作。"专家系统"是人工智能最活跃、最有成效的一个研究领域，它是一种具有特定领域内大量知识与经验的程序系统，能解决人类专家所解决的问题，而且能帮助人类专家发现推理过程中出现的差错。在人工智能被引入了市场领域后，更显示出了强大的实用价值。杜邦、通用汽车公司和波音公司都大量依赖人工智能系统。人们开始感受到电脑和人工智能技术的影响。

● 人工智能引发的争论

人工智能的发展引起了人们广泛的关注，对人工智能的讨论也出现了"强人工智能"和"弱人工智能"的说法。持强人工智能观点的人认为，有一天人类有可能制造出真正能推理和解决问题的智能机器，并且这样的机器将被认为是有知觉的，有自我意识的。而持弱人工智能观点的人认为，不可能制造出能真正地推理和解决问题的智能机器，这些机器只不过看起来像是智能的，但是并不真正拥有智能，也不会有自主意识。

有的哲学家提出人工智能与人类思维是有本质区别的：人工智能不是人的智能，更不会超过人的智能；人工智能只是无意识的机械的物理的过程，而人类智能主要是生理和心理的过程；人工智能没有社会性，而且人工智能没有人类的意识所特有的创造能力。

但是在1997年5月11日，人与电脑之间进行的国际象棋挑战赛中，机器人"深蓝"在正常时限的比赛中首次击败了排名世界第一的棋手——加里·卡斯帕罗夫时，人们开始感受到了人类的智慧尊严受到人工智能的强力挑战。正如最早提出"强人工智能"的科学家约翰·希尔勒所说："电脑不仅是用来研究人的思维的一种工具，只要运行适当的程序，电脑本身就是有思维的。"

人工智能不仅仅是逻辑思维与模仿，科学家们对人类大脑和神经系统研究得越多，他们越加肯定：情感是智能的一部分，而不是与智能相分离的。因此人工智能领域的下一个突破可能不仅在于赋予计算机更多的逻辑推理能力，还要赋予它情感能力。许多科学家断言，机器的智能会迅速超过阿尔伯特·爱因斯坦和霍金的智能之和。有的科学家认为用克隆技术复制智能比制造人工智能要有效而且容易得多，但是未来学家们预言，总有一天，人类所能做的大多数事情，电脑会做得更好。

虽然目前人工智能的发展相对人们的期望与想象的还有差距，但是现代科学技术尤其是电脑的发展，都已经为人们展现了一个又一个奇迹。因此，无论在未来人工智能是否会达到人类智慧水平甚至超越人脑，它带给人类乃至这个世界的都将是一场影响深远的革命。

智能微尘

智能微尘(smart dust)又称为智能尘埃，是一种以无线方式传递信息的微型传感器，体积定位在5毫米及以下。每一粒微尘都是由传感器、微处理器、通信系统和电源四大部分组成。它可以探测周围诸多的环境参数，能够收集大量数据，进行适当计算处理，然后利用无线通信装置，将这些信息在微尘器件间往来传送。未来的智能微尘甚至可以悬浮在空中几个小时，搜集、处理、发射信息。而且，它仅依靠微型电池就能工作多年。

● 智能微尘的应用

智能微尘的应用范围很广，除了主要应用于军事领域外，还可用于健康监控、环境监控、医疗等许多方面。但这一领域目前仍存在一些技术瓶颈，限制了其向市场产品的广泛转化。

智能微尘系统可以部署在战场上，远程传感器芯片能够跟踪敌人的军事行动。智能微尘可以被大量地装在宣传品、子弹或炮弹壳中，在目标地点撒落下去，形成严密的监视网络，敌国的军事力量以及人员、物资的运动自然清晰可见。

在生活中，通过智能微尘装置，可以定期检测人体内的葡萄糖水平、脉搏或含氧饱和度，将信息反馈给本人或医生，用它来监控病人或老年人的生活。科学家设想，将来老年人或病人生活的房间里，将会布满各种智能微尘监控器，如嵌在手镯内的传感器会实时发送老人或病人的血压情况，地毯下的压力传感器将显示老人的行动及体重变化，门框上的传感器会了解老人在各房间之间走动的情况，衣服里的传感器会发送出人体体温的变化，甚至于抽水马桶里的传感器可以及时分析排泄物并显示出问题……这样，老人或病人即使单独一个人在家也是安全的。

一个胃不好的病人吞下一颗米粒大小的小金属块，就可以在电脑中看到自己胃肠中病情发展的状况，对任何一个胃病患者来说，这无疑都是一个福音。智能微尘将来还可以植入人体内，为糖尿病患者监控血糖含量的变化。届时，糖尿病人可能需要看着电脑屏幕上显示的血糖指数，才能决定适合自己的食物。

智能微尘还可用于发生森林火灾时，通过从直升飞机上的温度传感器来了解火灾情况。此外，智能微尘还可以进行大面积、长距离的无人监控。

由于输油管道许多地方都要穿越大片荒无人烟的无人区，这些地方的管道监控一直都是难题。传统的人力巡查几乎是不可能的，而现有的监控产品，往往复杂且昂贵。将智能微尘的成熟产品布置在管道上，即可以实时地监控管道的情况，一旦有破损或恶意破坏情况的发生，人们都能在控制中心实时了解到。

智能微尘在拥挤的闹市区，可用作交通流量监测器；在家庭可监测各种家电的用电情况以避开高峰期；还可通过感应工业设备的非正常振动，来确定制造工艺缺陷，智能微尘技术潜在的应用价值非常之大。随着微尘器件价格的大幅下降，今天智能微尘将具有更加广阔的市场前景。

仿生技术

　　仿生技术的问世开辟了独特的技术发展道路，即人类向生物界索取蓝图的道路，它大大开阔了人们的眼界，显示了极强的生命力。仿生技术的光荣使命就是为人类提供最可靠、最灵活、最高效、最经济的、最接近于生物系统的技术系统，为人类造福。

仿生技术是通过研究生物系统的结构和性质，以此来为工程技术提供新的设计思想及工作原理的科学。生物自身具有的功能比迄今为止任何人工制造的机械都优越得多，而仿生技术，就是要在工程上实现并有效地应用生物的功能。在信息接受（感觉功能）、信息传递（神经功能）、自动控制系统等方面，生物体的结构与功能在机械设计方面都给予了人们很大启发。

生物学的研究可以说明，生物在进化过程中形成的极其精确和完善的机制，它所具有的许多卓有成效的本领是人造机器所不可比拟的。人们在技术上遇到的某些难题，生物界早在千百万年前就曾出现，而且在进化过程中就已得到解决。

●仿生技术的应用

苍蝇，是细菌的传播者，可是苍蝇的楫翅（又叫平衡棒）是"天然导航仪"，人们模仿它制成了"振动陀螺仪"。这种仪器目前已被应用在火箭和高速飞机上，从而实现了自动驾驶。

萤火虫的发光器位于腹部。这个发光器由发光层、透明层和反射层三部分组成。发光层拥有几千个发光细胞，它们都含有荧光素和荧光酶两种物质。在荧光酶的作用下，荧光素在细胞内水分的参与下，与氧化合成便发出荧光。萤火虫的发光，实质上是把化学能转变成光能的过程。人们根据对萤火虫的研究，创造了日光灯，使人类的照明光源发生了很大变化。近年来，科学家先是从萤火虫的发光器中分离出了纯荧光素，后来又分离出了荧光酶，接着，又用化学方法人工合成了荧光素。由荧光素和水等物质混合而成的生物光源，可在充满爆炸性瓦斯的矿井中当闪光灯。由于这种光没有电源，不会产生磁场，还可以做清除磁性水雷的工作。

人们根据蛙眼的视觉原理，已研制成功一种电子蛙眼。这种电子蛙眼能像真的蛙眼那样，准确无误地识别出特定形状的物体。把电子蛙眼装入雷达系统后，雷达抗干扰能力大大提高。这种雷达系统能快速而准确地识别出特定形状的飞机、舰船和导弹等。特别是能够区别真假导弹，防止以假乱真。电子蛙眼还被广泛应用在机场及交通要道上。在机场，它能监视飞机的起飞与降落，若发现飞机将要发生碰撞，能及时发出警报。在交通要道，它能指挥车辆的行驶，防止车辆碰撞事故的发生。

生物的许多行为都与天气的变化有着一定的关系。沿海渔民都知道，生活在沿岸的鱼和水母成批地游向大海，就预示着风暴即将来临。仿生技术家发现，水母耳朵的共振腔里长着一个细柄，柄上有个小球，球内有块小小的听石，当风暴前的次声波冲击水母耳中的听石时，听石就刺激球壁上的神经感受器，于是水母就听到了正在来临的风暴的隆隆声。仿生技术家仿照水母耳朵的结构和功能，设计了水母耳风暴预测仪，相当精确地模拟了水母感受次声波的器官。把这种仪器安装在舰船的前甲板上，当接受到风暴的次声波时，可旋转360°的喇叭会自行停止旋转，它所指的方向，就是风暴前进的方向；指示器上的读数即可告知风暴的强度。这种预测仪能提前15小时对风暴做出预报，对航海和渔业的安全都有着重要意义。

长颈鹿之所以能将血液通过长长的颈输送到头部，是由于长颈鹿的血压很高。据测定，长颈鹿的血压比人的正常血压高出2倍。这样高的血压却没有使长颈鹿出现脑溢血——这与长颈鹿身体的结构有关。首先，长颈鹿血管周围的肌肉非常发达，能压缩血管，控制血流量；同时长颈鹿腿部及全身的皮肤和筋膜绷得很紧，利于下肢的血液向上回流。科学家由此受到启示，在训练宇航员时，设置一种特殊器械，让宇航员利用这种器械每天锻炼几小时，以防止宇航员血管周围肌肉退化；在宇宙飞船升空时，科学家根据长颈鹿利用紧绷的皮肤控制血管压力的原理，研制了宇航员的飞行服——"抗荷服"。抗荷服上安装有充气装置，随着飞船速度的增高，抗荷服可以充入一定量的气体，从而对血管产生一定的压力，使宇航员的血压保持正常。同时，宇航员腹部以下部位是套入抽去空气的密封装置中的，这样可以减小宇航员腿部的血压，利于身体上部的血液向下肢输送。

根据蝙蝠超声定位器的原理，人们还仿制了盲人用的"探路仪"。这种探路仪内装一个超声波发射器，盲人带着它可以发现电线杆、台阶、路上的行人等。如今，有类似作用的"超声眼镜"也已制成。

龟壳的背甲呈拱形，跨度大，其中包括了许多力学原理。虽然它只有2厘米的厚度，但铁锤敲砸都很难破坏它。建筑学家模仿它进行了薄壳建筑设计。这类建筑有许多优点：用料少，跨度大，坚固耐用。薄壳建筑也并非都是拱形，举世闻名的悉尼歌剧院就像一组停泊在港口的群帆。

GPS 全球定位系统

GPS包括绕地球运行的24颗卫星，它们均匀地分布在6个轨道上，每颗卫星能连续发射一定频率的无线电信号。只要持有便携式信号接收仪，则无论身处陆地、海上还是空中，都能收到卫星所发出的特定信号。接收仪中的电脑对接收的信号进行分析，就能确定接收仪持有者的位置。

美国最初开发GPS的主要目的是为美军提供实时、全天候和全球性的导航服务，并用于情报收集、核爆监测和应急通讯等一些军事目的。在1991年的海湾战争中，美军就曾利用这一技术在沙漠中部署军队。

最初的GPS计划方案是将24颗卫星放置在3个轨道上。每个轨道上有8颗卫星。但由于预算压缩，GPS计划不得不减少卫星发射数量，改为将18颗卫星分布在6个轨道上。然而这一方案使得卫星可靠性失去了保障。1988年美国进行了最后一次修改，使用21颗工作星和3颗备份卫星工作在6条轨道上。从1978年到1984年，美国陆续发射了11颗试验卫星，并研制了各种用途的接收机。实验表明，GPS定位精度远远超过设计标准。1989年2月4日第一颗GPS工作卫星发射成功，至此宣告GPS系统进入工程建设状态。1993年底使用的GPS网即GPS星座已经建成，今后将根据计划更换失效的卫星。

● 无处不在的GPS全球定位系统

由于GPS技术所具有的全天候、高精度和自动测量的特点，作为先进的测量手段和新的生产力，已经融入了国民经济建设、国防建设和社会发展的各个应用领域，成功地应用于土地测量、工程测量、航空摄影、运载工具导航和管制、地壳运动测量、工程变形测量、资源勘察、地球动力学等多种学科。在人们的社会生活中，GPS的应用更加是无处不在。天文台、通信系统基站、电视台可用GPS精确定时；道路、桥梁、隧道的施工中大量的工程测量在使用GPS后将更加精确；有了GPS野外勘探，城区规划的测绘变得更加简单和准确；GPS在现代交通运输方面更加不可或缺，车辆的导航、调度、监控，船舶的远洋导航、港口和内河引水，飞机航线导航、进场着陆控制都由于GPS的应用而更加安全便捷。使用GPS人们旅游及野外探险会变得更加轻松，GPS甚至能用语音提醒人们转弯的方向以及目的地的路程；车辆安装了GPS定位防盗系统后将不再担心丢失，无论被盗车辆开到哪里，车内的GPS防盗系统都会发出信号向警方报告车辆位置，从而帮助警方抓住罪犯并追回被盗车辆。目前手机、PDA、PPC等通信移动设备都可以安装GPS模块，GPS的便携性使人们在日常生活中对GPS的应用更加得心应手，电子地图、城市导航让人们身在他乡却不会感到陌生，城市的建筑和街道都在掌握中。儿童及特殊人群的防走失系统则是GPS更加重要的功能体现。

正如人们所说的那样："GPS的应用，仅受人们想象力的制约。"GPS问世以来，已充分显示了其在导航、定位领域的霸主地位。许多领域也由于 GPS 的出现而产生革命性变化。目前，GPS 技术已经发展成为多领域、多模式、多用途、多机型的国际性高新技术产业。

机器人

● 机器人的历史

人们对机器人的幻想与追求已有 3 000 多年的历史。人类希望制造一种像人一样的机器，以便代替人类完成各种工作。机器人一词的出现和世界上第一台工业机器人的问世却是近几十年的事。

1920 年，一名捷克作家写了一个剧本《罗素姆万能机器人》。剧本描写了一个依赖机器人的社会。剧中有一个长得像人，而且动作也像人的机器人名叫罗伯特（robot，捷克语的意思是强迫劳动）。从此，"robot"以及相对应的中文"机器人"一词开始在全世界流行。

进入 20 世纪后，机器人的研究与开发得到了更多人的关注与支持，一些实用化的机器人相继问世。1927 年美国西屋公司工程师温兹利制造了第一个机器人"电报箱"，并在纽约举行的世界博览会上展出。它是一个电动机器人，装有无线电发报机，可以回答一些问题，但该机器人还不能走动。

20 世纪 60 年代前后，随着微电子学和电脑技术的迅速发展，自动化技术也取得了飞跃性的变化，普遍意义上的机器人开始出现了。1959 年，美国英格伯格和德沃尔制造出世界上第一台工业机器人，取名"尤尼梅逊"，意为"万能自动"。

经过几十年的发展，机器人已经在很多领域中取得了巨大的应用成绩，其种类也不胜枚举，几乎各个高精尖端的技术领域都少不了它们的身影。机器人的成长经历了三个阶段。第一个阶段中，机器人只能根据事先编好的程序来工作，这时它好像只有工作的手，不懂得如何处理外界的信息。第二个阶段中，机器人好像有了感觉神经，具有了触觉、视觉、听觉、力觉等功能，这使得它可以根据外界的不同信息做出相应的反馈。第三个阶段的机器人不仅具有多种技能，能够感知外面的世界，它还能够不断自我学习，用自己的思维来决策该做什么和怎样去做。

1968年，美国斯坦福研究所研制出世界上第一台智能型机器人。这个机器人可以在一次性接受由计算机输出的指令后，自己找到目标物体并实施对该物体的某些动作。经过测试，这个机器人已经具备了一定的发现、综合判断、决策等智能。

到了20世纪70年代，第二代机器人开始迅速发展并进入实用和普及的阶段，而第三代机器人在今天也已经有了突飞猛进的变化。它能够独立判断和行动，具有记忆、推理和决策的能力，在自身发生故障时还可以自我诊断并修复。尽管如此，机器人的发展还是没有止境，人们希望它有更高的拟人化水平。

20世纪80年代，日本建立了首座无人工厂。工厂有1 010台带有视觉的机器人，它们与数控机床等配合，按照程序完成生产任务。

1992年，日本研制出一台光敏微型机器人，体积不到3立方厘米，重1.5克。

1997年，日本的本田公司制造出高1.6米的"阿西莫"（ASIMO）机器人。这个机器人有三维视觉，头部能自如转动，双脚能躲开障碍物，能改变方向，在被推撞后可以自我平衡。

2004年1月，美国发射的"勇气号"和"机遇号"火星车先后成功登陆。火星车在火星表面行走、拍摄、钻探，化验，非常精彩地完成了自己的使命。

目前，科学家们正在研制更精密的小型机器人。随着纳米技术的成熟，分子级机器人的诞生指日可待。人们可以想象会有一种比尘埃还要小的机器人，漂在空气中，游进人体里，为人们服务。

数字化虚拟人

●什么是数字化虚拟人？

"数字人"(Digital Human)是通过计算机技术，将人体结构数字化，在电脑屏幕上出现看得见的、能够调控的虚拟人体形态。进一步将人体功能性信息赋加到这个人体形态框架上，经过虚拟现实技术的交叉融合，这个"数字人"将能模仿真人做出各种各样的反应。若设置有声音和力反馈的装置，还可以提供视、听、触等直观而又自然的实时感。因此，在以往的报道中，又将数字化人的部分研究工作，称之为"可视人"或"虚拟人"。

"虚拟人"这个名词，需要经历4个发展阶段，即"虚拟可视人"、"虚拟物理人"、"虚拟生理人"和"虚拟智能人"，这4个阶段不一定截然分开，各阶段的内容也可能交叉重叠。其原理是通过先进的信息技术与生物技术相结合的方式，在计算机上操作可视的模型，包括人体的各器官和细胞等，最终建成生物网络化的流程，即从由几何图型的数字化"可视人"到真切实感的数字化"物理人"，再到随心所欲的数字化"生物人"。

1991年，美国获取了人体断面的图像和"数字化解剖人"。2000年，韩国开始"虚拟可视人"研究，获取了全世界第二例"虚拟可视人"。2003年2月，中国首例女性虚拟人数据集在第一军医大学构建成功，"中国虚拟人男1号"数据集2005年8月在广州南方医科大学构建成功。

● "数字化虚拟人"的应用价值

采用信息医学与生物技术、计算机技术相结合的"数字化虚拟人"，可以为人类提供各种精确数据和依据，在医学、国防、航天、航空、汽车、建筑、机电制造、服装、影视制作等领域有着广泛的应用价值，但目前虚拟人的应用更多的是在医学领域。

如果虚拟人构建完成，他将给许多领域带来想象不到的惊喜。例如，在航天领域中，宇宙飞船是一个失重的空间，有了虚拟人，我们就可以通过他来改进宇航员在太空中的很多生活上的问题，反之，则要花费大量的人力和物力进行探索性的实验。

虚拟人可以代替人类做许多事情，比如，如果有虚拟人的存在，我们可以根据他的坐姿，找到符合人体生理结构最舒服的坐椅，或者找到最合理的人体面积。那样一来所生产出的相关产品就会大受顾客欢迎。

人体由100多万亿细胞组成。目前，人类对自己的认识了解极为有限，特别是对病因研究、疾病诊断、疾病治疗以及人体与环境复杂关系的研究，因缺少精确量化的计算模型而受到严重制约，而采用信息医学与生物技术、计算机技术相结合的"数字化虚拟人"，恰恰可以为人类提供各种精确数据和依据，彻底解决这一历史性难题。

放射治疗是目前治疗肿瘤疾病的一个重要手段，但由于现在作放射治疗的医生只能凭经验进行辐射量的调节，病人往往担心在此过程中受到过量的辐射。有了虚拟人，医生就可以先对虚拟人做放射治疗，通过其身体的变化来测定实际辐射量的使用，最后再用到真正的病人身上，这样就提高了治疗的安全性。

虚拟人在武器威力的研究上也很有价值。比如，可以用虚拟人来试验核武器、化学武器、生物武器的威力。现在的核爆炸试验都是利用动物进行。试验前在离核爆中心的不同距离放置动物，核爆后再把动物收回来检验。有了虚拟人，就可以直接用来做试验了。

在体育运动中，虚拟人也有着广泛的用途。通过对获得冠军的运动员在爆发力的一瞬间全身各个肌肉或骨骼状态的研究，教练员可以更好地训练自己的队员，使他们在关键时刻取得好成绩。

虚拟人会像真人一样对外界有反应：骨头会断，血管会出血。比如说，在做汽车碰撞试验时，虚拟人可以提供人体意外创伤的数据，这样可帮助改进汽车的安全防护体系。

雷　达

●雷达的工作原理

雷达所起的作用和眼睛相似，可它又胜过眼睛，它在任何光线的条件下都可"看见"目标，因为，它是用电磁波"看"目标的，所以不受光线强弱的限制。它的信息载体是无线电波。

各种雷达的具体用途和结构不尽相同，但基本形式是一致的，包括五个基本组成部分：发射机、发射天线、接收机、接收天线以及显示器。还有电源设备、数据录取设备、抗干扰设施等辅助设备。

不论是可见光或是无线电波，在本质上都是同一种东西即电磁波，传播的速度都是光速，差别只在于它们各自占据的波段不同。其原理是雷达设备的发射机，通过天线向一定的方向发射不连续的无线电波。每次发射的时间约为百万分之一秒，两次发射的时间间隔大约是万分之一秒，这样，发射出去的无线电波遇到目标时，就会在这个间隔时间内被目标反射回来，反射回来的无线电波被天线接收后，送至接收设备进行处理，提取有关该目标物距雷达的距离，物体的某些信息(目标物体至雷达的距离，距离变化率或径向速度、方位、高度等)，并显示在雷达显示屏上。

测量距离实际是测量发射脉冲与回波脉冲之间的时间差，因电磁波以光速传播，据此就能换算成目标的精确距离。

测量目标方位是利用天线的尖锐方位波束测量。测量仰角靠窄的仰角波束测量。根据仰角和距离就能计算出目标高度。

测量速度是雷达根据自身和目标之间有相对运动产生的频率多普勒效应原理。雷达接收到的目标回波频率与雷达发射频率不同，两者的差值称为多普勒频率。从多普勒频率中可提取的主要信息之一是雷达与目标之间的距离变化率。当目标与干扰杂波同时存在于雷达的同一空间分辨单元内时，雷达利用它们之间多普勒频率的不同，能从干扰杂波中检测和跟踪目标。

●雷达的广泛应用

因雷达的电磁波有一定的穿透能力，所以，雷达电磁波不受雾、云和雨的阻挡，具有全天候、全天时的特点。无论是白天黑夜均能探测远距离的目标。雷达的这一优势使它能在许多领域得到最广泛的应用。比如应用于气象预报、资源探测、环境监测、交通管理等部门；天体研究、大气物理研究、电离层结构研究等科学研究方面；在军事上更是必不可少的电子装备。

气象上可以用来探测台风、雷雨、乌云，作为大气观测的主要设备。比如利用设在卫星上的气象雷达或设置在地面的气象雷达，把观测的云图等气象资料及时地传送至气象台，作为分析预报天气的依据。

雷达在交通运输上可以用来为飞机、船只导航；在交通管理方面，设置在高速公路上的雷达测速仪，监督着过往行驶的车辆速度，并把结果记录下来传输给管理中心。

雷达在洪水监测、海冰监测、土壤湿度调查、森林资源普查、地质调查等方面显示了很好的应用潜力。卫星和飞机上的合成孔径雷达，已经成为当今遥感中十分重要的传感器。以地面为目标的雷达可以探测地面的精确形状。其空间分辨力可达几米到几十米，且与距离无关。

在军事领域，雷达是重要的军事装备，利用雷达可以探测飞机、舰艇、导弹以及其他军事目标，可以侦查、追踪对方的飞机、舰艇、导弹等的军事行动。

在天文学上可以用来研究星体。

信息高速公路

信息高速公路（Information Highway）即高速信息电子网络，它以光缆作为信息传输的主干线，采用支线光纤和多媒体终端，通过交互方式能给用户随时提供大量信息的一种由通信网络、计算机、数据库以及日用电子产品组成的高速数据网。

●信息高速公路的路面是用光纤铺成的

光纤的频带特别宽，这就使得光纤通信系统的通信容量特别大。一根细如发丝的光纤能够同时传送500个电视频道的图像信号，或者50万路电话的语音信号。一根光纤丝的信息容量，可以顶得上几千根金属导线。此外，光纤的抗干扰能力特别强，信号通过时的衰减特别小。

信息高速公路是种数字化大容量的光纤通讯网络。信息高速公路的建成，在政府机构、各大学、研究机构、企业以至普通家庭之间建成计算机联网，将改变人们的生活、工作和相互沟通方式，加快科技交流，提高工作质量和效率，享受影视娱乐、遥控医疗，实施远程教育，举行视频会议，实现网上购物等。

●信息高速公路的主要目标

一是在企业、研究机构和大学之间进行计算机信息交换。二是通过药品的通信销售和X光照片图像的传送，提高以医疗诊断为代表的医疗服务水平。三是使第一线研究人员的讲演和学校里的授课发展成为计算机辅助教学。四是广泛提供地震、火灾等的灾害信息。五是实现电子出版、电子图书馆、家庭影院、在家购物等。六是带动信息产业的发展，产生巨大的经济效应，增强国际实力，提高综合国力。

●信息高速公路的四个基本要素

信息高速通道。这是一个能覆盖全国的以光纤通信网络为主的，辅以微波和卫星通信的数字化大容量、高速率的通信网。

信息资源。把众多公用的、未用数据、图像库连接起来，通过通信网络为用户提供各类资料、影视、书籍、报刊等信息服务。

信息处理与控制。主要是指通信网络上的高性能计算机和服务器，高性能个人计算机和工作站对信息在输入/输出，传输、存储、交换过程中的处理和控制。

信息服务对象。使用多媒体经济、智能经济和各种应用系统的用户进行相互通信，可以通过通信终端享受丰富的信息资源，满足各自的需求。

● 信息高速公路建设的9项关键性技术

通信网技术；光纤通信网及异步转移模式交换技术；信息通用接入网技术；数据库和信息处理技术；移动通信及卫星通信，数字微波技术；高性能并行计算机系统和接口技术；图像库和高清晰度电视技术；多媒体技术。

宽　带

直到现在，"宽带"甚至还没有一个严格的、公认的定义。从一般角度理解，所谓"宽带"应该是指能够满足人们感观的各种媒体在网络传输中所需要的带宽。这个"带宽"的度量标准，随着生活的需要应该是一个动态的、发展的概念。以往通常以56Kbps的上网速率为分界线，将56Kbps及其以下的接入方式称为"窄带"，之上的接入方式则归类于"宽带"。目前的"宽带"对家庭用户而言应该是指传输速率超过1M、2M，它基本可以满足语音、图像等大量信息传递的需求。

通信部门在引导人们选择上网产品时，常会采用如"超级一线通"、"网络快车"等一些好听的名字，其实这些都是在推广一种更高速率的宽带接入方式。

宽带接入技术主要包括光纤技术和xDSL（ADSL，HDSL）技术等。宽带建设可以通过电话线、有线电视网络及高速以太网、全光纤网络、无线接入等方案实现。从实践来看，几种方案在网络接入方式、用户负担的成本、可以提供的服务内容等方面都不尽相同，所适用的范围也并不一样。

DSL是英文Digital Subscriber Line的缩写，意思是数字用户环路技术。是基于普通电话线的宽带接入技术，它在同一铜线上分别传送数据和语音信号，数据信号并不通过电话交换机设备，减轻了电话交换机的负载；而且无需拨号，就可以一直在线，属于专线上网方式。DSL包括

ADSL、RADSL、HDSL和VDSL等等。

ADSL指的是Asymetric Digital Subscriber Loop，即非对称数字用户环路技术。是利用分频技术，把普通电话线路所传输的低频信号和高频信号分离。3 400Hz以下低频部分供电话使用；3 400Hz以上的高频部分供上网使用，即在同一条电话线上同时传送数据和语音信号，数据信号不通过电话交换机设备，直接进入互联网。因此，ADSL业务不但可进行高速度的数据传输，上网的同时还不影响电话的正常使用，还不需要缴付额外的电话费。

ADSL最初设计并不是为了宽带接入，而是为了高速数据通信、交互视频等应用。该系统在用户端采用ADSL调制解调器，通过电话线连接到电话交换局前端ADSL解调设备解调后送入ATM网，可以提供基于ATM的各种应用业务。

ADSL技术可以利用现有的市内电话网和电话交换局的机房，能有效降低施工和维护成本，而且对电话业务没有影响。但是它对线路质量要求较高，当线路质量不高时，推广使用有困难。

无论是双绞线xDSL，还是基于同轴电缆HFC系统的Cable Modem以及宽带无线接入等其他宽带接入方案都可以说具有过渡性质。未来接入网的主要实现方案必然是远距离传输能力更强的光纤技术。

光纤接入网(OAN)是采用光纤传输技术的接入网，即本地交换机和用户之间全部或部分采用光纤传输的通信系统。光纤接入具有宽带、远距离传输能力强、保密性好、抗干扰能力强等优点，一般仅需要一至二条用户线，短期内虽然经济性欠佳，但却是长远的发展方向和最终的接入网解决方案。光纤接入网络有多种方式，最主要的有光纤到路边、光纤到大楼和光纤到家，即常说的FTTC、FTTB和FTTH。

FTTx是指光纤传输到路边、小区、大楼，LAN是局域网。以"千兆到小区、百兆到大楼、十兆到用户"为基础的光纤+局域网接入方式，小区内的交换机和局端交换机以光纤相连，小区内采用局域网综合布线，是光纤用户网与以太网LAN技术相结合的一种接入方式。用户上网速率可达10M/100Mbps。主要适用于住宅小区、企事业单位和大、中专院校的个人和单位用户，实现高速上网和高速互联。

● 当今四种主流宽带接入方式

1.ADSL：可直接利用现有的电话线路，通过 ADSL Modem 后进行数字信息传输。因此，凡是安装了电信电话的用户，只要和电信部门的工作人员确定你的电话与最近的机房距离不超过3公里，自备一款 10/100Mb 自适应网卡就可以安装了。通常其他诸如 ADSL Modem 和分频器会由电信部门提供。ADSL 的最大理论上行速率可达到1Mbps，下行速率可达8Mbps，电信常宣传的 ADSL "提速" 通常指的是下行速率。值得一提的是，这里的传输速率为用户独享带宽，因此不必担心多家用户在同一时间使用 ADSL 会造成网速变慢。

2.小区宽带（FTTx+LAN）：大中城市目前较普及的一种宽带接入方式，网络服务商采用光纤接入到楼，再通过网线接入到户。小区宽带一般为居民提供的带宽是10Mbps，这要比 ADSL 的 512Kbps 高出不少，但小区宽带采用的是共享宽带，即所有用户公用一个出口，所以在上网高峰时间小区宽带会比 ADSL 更慢。这种宽带接入通常由小区出面申请安装，网络服务商不受理个人服务。这种接入方式对用户设备要求最低，只需一台带 10/100Mbps 自适应网卡的电脑。

3.有线通（Cable Modem）：也称为"广电通"，这是与前面两种完全不同的方式，它直接利用现有的有线电视网络，并稍加改造，便可利用闭路线缆的一个频道进行数据传送，而不影响原有的有线电视信号传送，其理论传输速率可达到上行10Mbps、下行40Mbps。安装设备需要一台 Cable Modem 和一台带 10/100Mbps 自适应网卡的电脑。目前国内开通有线通的城市还不多，主要集中在北京、上海和广州等大城市。尽管理论传输速率很高，但因为同样属于共享带宽，速度也由上网人数决定，与小区宽带极为类似。

4.电力上网（PLC）：英文全称是 Power Line Communication。通过利用传输电流的电力线作为通信载体，使得 PLC 具有极大的便捷性。此外，除了上网外，还可将房屋内的电话、电视、音响、冰箱等家电利用 PLC 连接起来，进行集中控制，实现"智能家庭"的梦想。目前，PLC 主要是作为一种新的接入技术，适用于居民小区，学校，酒店，写字楼等领域。安装需要增加PLC的局端设备和PLC调制解调器两种硬件。电力上网可以达到4.5~45Mbps的高速网络接入，可以实现数据、语音、视频，以及电力于一体的"四网合一"！电力上网在速率上很有优势。

数字图书馆

● 什么是数字图书馆？

数字图书馆(Digital Library)是用数字技术处理和存储各种图文并茂文献的图书馆，实质上是一种多媒体制作的分布式信息系统。它把各种不同载体、不同地理位置的信息资源用数字技术存贮，以便于跨越区域、面向对象的网络查询和传播。它涉及信息资源加工、存储、检索、传输和利用的全过程。

目前，世界范围内正在掀起数字图书馆建设高潮。数字图书馆已成为国际高科技竞争中新的制高点，成为评价一个国家信息基础设施水平的重要标志。

数字图书馆借鉴图书馆的资源组织模式，借助计算机网络通讯等高新技术，以普遍存取人类知识为目标，创造性地运用知识分类和精准检索手段，有效地进行信息整序，使人们在获取信息消费时不受空间限制，很大程度上也不受时间限制。其服务是以知识概念引导的方式，将文字、图像、声音等数字化信息，通过互联网传输，从而做到信息资源共享。每个拥有任何电脑终端的用户只要通过联网，登录相关数字图书馆的网站，都可以在任何时间、任何地点方便快捷地享用世界上任何一个"信息空间"的数字化信息资源。数字图书馆的实施将使图书馆从封闭走向开放。它是没有围墙的图书馆，是永不关闭的图书馆。

数字图书馆是传统图书馆在信息时代的发展，它不但包含了传统图书馆的功能，向社会公众提供相应的服务，还融合了其他信息资源(如博物馆、档案馆等)的一些功能，提供综合的公共信息访问服务。可以这样说，数字图书馆将成为未来社会的公共信息中心和枢纽。未来的图书馆不仅仅是将老的文献数码化，而是一定可以让所有的这些知识找到一个永远的不会丢失的家。

我国当前几个主要的数字图书馆有中国数字图书馆、中国期刊网、超星数字图书馆、阿帕比阅读网等等，除以上几个规模比较大的数字图书馆外，我国华东师大、上海图书馆等单位建立的数字图书馆也在不断的完善与发展之中。

●数字图书馆的优点

信息储存空间小、不易损坏

数字图书馆是把信息以数字化形式加以储存，一般储存在电脑光盘或硬盘里，与过去的纸制资料相比占地很小。而且，以往图书馆管理中的一大难题就是，资料多次查阅后就会磨损，一些原始的比较珍贵的资料，一般读者很难看到。数字图书馆就避免了这一问题。

信息查阅检索方便

数字图书馆都配备有电脑查阅系统，读者通过检索一些关键词，就可以获取大量的相关信息。而以往图书资料的查阅，都需要经过检索、找书库、按检索号寻找图书等多道工序，繁琐而不便。

远程迅速传递信息

图书馆的建设是有限的。传统型图书馆位置固定，读者往往要花费大量的时间在去书馆的路上。数字图书馆则可以利用互联网迅速传递信息，读者只要登陆网站，轻点鼠标，即使和图书馆所在地相隔千山万水，也可以在几秒钟内看到自己想要查阅的信息，这种便捷是以往图书馆所不能比拟的。

同一信息可多人同时使用

众所周知，一本书一次只可以借给一个人使用。在数字图书馆则可以突破这一限制，一本"书"通过服务器可以同时借给多个人查阅，大大提高了信息的使用效率。

联合国推出"世界数字图书馆"全球网民可免费使用

世界数字图书馆网站（www.worlddigitallibrary.org）于2009年4月21日在联合国教科文组织总部所在地巴黎正式启用。该图书馆是在互联网上以多种语言形式向全球读者免费提供源于世界各地的重要原始资料。设有英文、阿拉伯文、中文、西班牙文、法文、葡萄牙文及俄文7种文字的查询索引，提供的资料时间跨度从公元前8000年至今，内容则包括40种语言。其收录的内容将由各参与国图书馆提供，其中包括美术、音乐、电影、戏剧、照片以及文字作品等，收录原则是作品必须具有文化和保存价值。

从用阿拉伯文记载的数学读本到世界上第一部电影，从甲骨文到1562年版的"新世界"地图，从世界上第一部小说——写于11世纪的日本小说《源氏物语》到中国的《四库全书》等等，都能在这个图书馆里找到。数字图书馆馆藏堪称包罗万象，图书、档案、录音、图片等资料一应俱全。

世界数字图书馆由联合国教科文组织同32个公共团体合作建立，由全球规模最大的图书馆美国国会图书馆主导开发。迄今，已参与该计划的馆藏与技术的合作国家有巴西、英国、中国、埃及、法国、日本、俄罗斯、沙特阿拉伯、美国、南非、伊拉克、以色列、马里、墨西哥、摩洛哥、乌干达、荷兰、卡塔尔、塞尔维亚、斯洛伐克以及瑞典等国。

中国国家图书馆积极参与并发起了世界数字图书馆项目。国家图书馆精选的首批馆藏20种珍贵文献，包括甲骨文、手稿、敦煌文献、少数民族文字典籍等，通过世界数字图书馆向全球用户提供方便、快捷的服务。

网络电视

网络电视又称IPTV（InteractivePersonalityTV），它将电视机、个人电脑及手持设备作为显示终端，通过机顶盒或计算机接入宽带网络，实现数字电视、时移电视、互动电视等服务，网络电视的出现给人们带来了一种全新的电视观看方法，它改变了以往被动的电视观看模式，实现了电视按需观看、随看随停。网络电视的传输路径就是从有线电视变为互联网，用户不必缴纳电视收看费用，也不必花钱购买电脑硬件进行改装，几乎称得上零成本使用，唯一需要注意的就是如何找到能够保证流畅播放的"频道"。

●P2P技术令网络电视普及

当前中国网络视频领域主要有两类主流运营商模式：第一类是视频分享模式，比如大家熟知的土豆网、优酷网等。这类网站的内容基于网友自发上传的原创自拍或其他视频内容的节选，实际上也能找到很多电影和电视剧，但很难满足收看比赛实况的需要。近年来，随着众多视频分享网站的兴起，人们甚至不用下载、安装任何应用软件，只通过浏览器就可以实现电视节目的观看。视频分享网站的节目以片段为单位，用户可以通过搜索引擎直接检索到自己想看的节目。这些网站所收录的节目均由网民自己上传，题材更广泛，针对性更强，进一步满足了人们在线看电视的需求，使许多人彻底告别了电视机。

第二类是网络电视模式。与视频分享网站的最大不同在于使用了P2P即点对点技术，这种技术可以在有限带宽和存储资源的情况下，实现数据资源的分享。P2P技术最早应用于文件资料的分享，如BT、电骡下载等，最近几年开始应用于在线视频播放。很多专用网络电视软件像PPLIVE、PPS都是基于这项技术。经过实测，它能实现流畅播放，直播电视节目的延迟仅有2分钟左右，基本做到了和电视同步。

●改变人们的生活方式

以前人们看电视总是很被动，有自己喜欢的节目就会盯着节目预告，按时按点地准时观看。有时候人们看电视还找不到自己喜欢的节目，坐在电视机前机械式地转换频道。有了网络，出现了网络电视，它把主动权交还给观众，想看什么节目就看什么节目，想什么时间看就什么时间看，完全由自己决定，真的是很方便。在互联网普及的今时，互联网走进了千家万户，而网络电视的出现已经成了人们休闲方式的最佳选择。

当前很多年轻人早已不知道自己家中的电视机总共有多少个频道，他们把更多的时间消耗在电脑上，包括观看传统电视节目，浏览当前的互联网、电视剧、电影、综艺节目，赛事直播等各类迎合不同受众口味的内容。网络电视因其内容不受时间空间限制，涵盖范围广泛，传播迅速，正成为年轻一代追捧的对象。

　　网络对我们生活的影响可以说已经深入到各个角落，同时我们对网络的热情与依赖也是与日俱增，网络改变了我们很多生活方式。网络电视作为极有发展潜力的新兴产业，其产业链已经初步形成，它的出现无疑将改变人们的生活，为人们带来全新的生活方式，同时也给运营商带来了新的业务增长点。

●网络电视软件推荐

　　有了电脑，有了互联网，我们完全可以摆脱传统习惯去看电视，随着网络电视的盛行，网络电视软件也不断新推，然而对于用户而言，选择一款优秀的网络电视播放软件是很关键的，这不仅关系到电视节目的播放速度，优秀的软件还能让我们享受到更多节目。

一、PPlive

　　PPLive是一款用于互联网上大规模视频直播的共享软件，也是免费软件，它具有用户越多播放越流畅的特性，整体服务质量大大提高！而且PPLive有着比有线电视更加丰富的视觉大餐，CCTV、各类体育频道、动漫、丰富的电影、娱乐频道、凤凰卫视尽收眼底。总之流行什么，这里就有什么。

二、PPS

　　PPS网络电视是全球第一家集P2P直播点播于一身的网络电视软件，能够为宽带用户提供稳定和流畅的视频直播节目。与传统的流媒体相比，具有用户越多播放越稳定，支持数万人同时在线的大规模访问等特点。被很多网友评为能点播的网络电视，而且是PPS网络电视能够在线收看电影、电视剧、体育直播、游戏竞技、动漫、综艺、新闻、财经资讯……PPS网络电视是网民喜爱的装机必备软件，完全免费无需注册就能下载使用。

网络电话

　　网络电话又称为 IP 电话，它是通过互联网协定（Internet Protocol IP）来进行语音传送。系统软件运用独特的编程技术，无论你是在公司的局域网内，还是在学校或网吧的防火墙背后，均可使用网络电话，实现电脑—电脑的自如交流，无论身处何地，双方通话完全免费；也可通过您的电脑拨打全国的固定电话、小灵通和手机，和平时打电话完全一样，输入对方区号和电话号码即可，享受 IP 电话的最低资费标准。其语音清晰、流畅程度完全超越现有的 IP 电话。

　　网络电话本身没有月租，由于用户一般采用购卡或充值消费，所以用户在购卡或充值消费时所获得的大额话费回馈可以使用户的综合通话成本降低到最低的区区几分钱，所以网络电话自上世纪90年代正式推出以来，不仅在欧美及部分亚太国家十分流行和风靡，近几年其在国内的发展也是呈现方兴未艾的态势。

●通话质量好

　　在宽带互联网高速普及的今天，网络电话的实际通话质量已经越来越好，这也是数以千万计用户纷纷选择网络电话的一个重要原因。一般来说，网络电话的通话效果都很好，比如 e 信网络电话是用固定电话线路发起的呼叫，走的是固话移动的路线，打电话效果跟用固话打的一样。但是网络电话有时候会出现延时，比如 Skype，在黄金时段的时候 Skype 通话延时 33 秒，这是因为网络电话主要是依赖于网络信号，网络如果不畅通，那网络电话还是会出现延时或杂音的现象。

●资费优惠

　　网络电话在资费上有足够的诱惑力，而这一点又似乎是网络电话先天的优势。我们知道按照现行电信国内长途的资费标准，用户使用座机或小灵通拨打国内电话是 0.07 元/6 秒，即一分钟是 7 毛钱，而用户使用长途电话卡或相应的手机套餐拨打国内长途，最便宜的也需要每分钟0.2元~0.3元，国际长途其高昂的资费可能更会让用户难以接受。网络电话则完全不同，对于用户来说当然越便宜越好。Skype拨打国内电话要0.17元/分钟、UUCall是0.12元/分钟，e信0.15元/分钟，蝈蝈拨打国内电话要0.099元/分钟，KC拨打所有国内电话需0.10元/分钟，这些都明显低于现行传统国内长途的资费标准，网络电话巨大的价格优势使不计其数的用户蜂拥而至，我国网络电话注册用户正在呈现前所未有的几何式增长。

● 附属功能强

附属功能中，大部分网络电话具有聊天功能并且与主流聊天工具互通，如MSN、多人通话、传真、邮箱、短信、免费送歌及网络硬盘。因为操作简单，功能集全，一个软件就搞定了所有的需求。

网络电话，不仅有聊天功能，还可以发有声短信，把文字变成声音，玩出自己的个性，比如 "KC网络电话" 和 "Skype"，它们也都提供有电子邮件功能，具有像OE和FoxMail等这样的完整邮件客户端功能。KC还具有包括短信收发、短信群发、邮件收发、机密电子文档传输、通讯录智能名片式批量导入管理及QQ/MSN聊天等在内的多元化网络通信功能。

网上购物

● 网络购物的优势

网上购物简单的说就是把传统的商店直接"搬"回家，利用Internet直接购买自己需要的商品，只要轻松的点击鼠标，货物就能送上门，免除了消费者购物奔波之苦，便捷又随心所欲的购物方式使购物充满了乐趣。

网上购物商品价格的低廉也是吸引人们购物的主要因素。网络上的卖家大都有各自的渠道和价格优势，加上网络提供给大家的竞争平台，价格是低很多的，好多都是厂方直接在销售。商品价格通常大大低于市场价，成为吸引消费者的先天优势。

对于商家来说，由于网上销售没有库存压力，经营成本低，经营规模不受场地限制，网络商店把商场和消费者直接联系起来，省去了中间环节。在将来还会有更多的企业选择网上销售，通过互联网对市场信息的及时反馈适时调整经营战略，以此提高企业的经济效益和参与国际竞争的能力。而对于整个市场经济来说，这种新型的购物模式也可在更大的范围、更多的层面以更高的效率实现资源配置。

●网上购物是否安全？

很多消费者对网络购物还存在一些顾虑，比如，不信任网站、担心商品质量、质疑网络安全性；担心售后服务；付款环节；商品配送等等的问题。现在影响网民购物发展的绊脚石也正被逐步打破，以前网络购物平台的不健全让很多人在网络上上当受骗，现在各大购物网站都推出了自己的支付方式——第三方网上支付工具，很多人开始变得非常乐观。比如，淘宝网的支付宝，拍拍的财付通，可以减少网络购物的风险，让买家和卖家都公平交易，诚信交易。买家先拍下想要买的东西付款到支付平台，由支付平台代收，等到买家确认收货后无争议，卖家才能拿到这笔钱，如果买家认为收到的商品和自己定的商品不相符时，可以进行投诉，支付平台也会根据公平公正的原则来裁定。整个电子商务环境中的交易可信度、物流配送和支付等方面的瓶颈已逐渐消失。

网络购物就像"淘宝"这个名字一样，许多东西要靠自己在网络中去寻找发掘。

●网上购物的技巧

第一种

1.要选择信誉好的网上商店，以免被骗。

2.购买商品时，付款人与收款人的资料都要填写准确，以免收发货出现错误。

3.用银行卡付款时，最好卡里不要有太多的金额，防止被不诚信的卖家拨过多的款项。

4.遇上欺诈或其他受侵犯的事情可在网上找网络警察处理。

第二种

1.看。仔细看商品图片，分辨是商业照片还是店主自己拍的实物，而且还要注意图片上的水印和店铺名，因为很多店家都在盗用其他人制作的图片。

2.问。通过旺旺询问产品相关问题，一是了解他对产品的了解，二是看他的态度，人品不好的话买了他的东西也是麻烦。

3.查。查店主的信用记录，看其他买家对此款或相关产品的评价。如果有中差评，要仔细看店主对该评价的解释。

另外，也可以用旺旺来咨询已买过该商品的人，还可以要求店主视频看货。

原则是不要迷信钻石皇冠，规模很大有很多客服的要分外小心，坚决使用支付宝交易，不要买态度恶劣的卖家的东西。

电子商务

电子商务（Electronic Commerce，简称EC），通常是指在全球各地广泛的商业贸易活动中，在因特网开放的网络环境下，基于浏览器应用的方式，买卖双方不谋面地进行各种商贸活动，实现消费者的网上购物、商户之间的网上交易和在线电子支付以及各种商务活动、交易活动、金融活动和相关的综合服务活动的一种新型的商业运营模式。

电子商务涵盖的范围很广，一般可分为：

企业对企业的应用系统= Business to Business （B2B）

企业与企业之间通过互联网进行产品、服务及信息的交换。通俗的说法是指进行电子商务交易的供需双方都是商家、企业、公司，他们使用了Internet的技术或各种商务网络平台，完成商务交易的过程。这些过程包括：发布供求信息，订货及确认订货，支付过程及票据的签发、传送和接收，确定配送方案并监控配送过程等。在所有电子商务形式中

B2B是最主要的形式。

B2B的典型是中国供应商、阿里巴巴、中国制造网。

企业对消费者的应用系统= Business to Customer（B2C）

企业对消费者的电子商务基本等同于电子零售商业，B2C模式是我国最早产生的电子商务模式，以8848网上商城正式运营为标志。B2C即企业通过互联网为消费者提供一个新型的购物环境——网上商店，消费者通过网络在网上购物、在网上支付。由于这种模式节省了客户和企业的时间和空间，大大提高了交易效率，节省了宝贵的时间。目前网上已遍布各种类型的商业中心，提供各种商品和服务，主要有鲜花、书籍、计算机，比如当当网。

消费者对消费者的应用系统= Consumer to Consumer（C2C）

消费者对消费者同B2B、B2C一样，都是电子商务的几种模式之一。不同的是C2C是用户对用户的模式，C2C商务平台就是通过为买卖双方提供一个在线交易平台，使卖方可以主动提供上网商品，而买方可以自行选择商品进行竞价、购买。C2C的典型就是淘宝网。

企业对政府的应用系统= Business to Government（B2G）

企业对政府的应用系统可以覆盖企业、公司与政府组织间的许多事物，包括政府采购、税收、商检、管理规则发布等在内的、政府与企业之间的各项事务都可以涵盖在其中。例如，政府的采购清单可以通过互联网发布，公司以电子的方式回应。随着电子商务的发展，这类应用将会迅速增长。政府在这里有两重角色：既是电子商务的使用者，进行购买活动，属商业行为人。又是电子商务的宏观管理者，对电子商务起着扶持和规范的作用。

商家对职业经理人的应用系统= Business to Manager（B2M）

B2M是一种全新的电子商务模式，所针对的客户群是该企业或者该产品的销售者或者为其工作者，而不是最终消费者。

企业通过网络平台发布该企业的产品或者服务，职业经理人通过网络获取该企业的产品或者服务信息，并且为该企业提供产品销售或者提供企业服务，企业通过经理人的服务达到销售产品或者获得服务的目的。职业经理人通过为企业提供服务而获取佣金。目前正在逐步完善其管理模式、交易方式等细节问题。

电子政务

●政府信息门户

政府信息门户是电子政务系统框架的核心，通过政府信息门户这样一个集成的门户入口，使得用户可以随意地得到政府信息与服务。政府门户网站作为政府对外宣传政治、经济和社会发展等各方面情况及服务市民、服务企业的窗口和桥梁，区别于其他商业性、事业性网站，并可体现出政府的现代化办公的形象。

●电子公文交换系统

电子公文交换系统包括交换处理系统、交换数据库系统、公文收发管理系统、公文信息 web 系统、电子印章系统、CA 认证系统、文档管理系统等。电子公文交换系统的建设目的，就是按照统一的标准，在不同的政府部门之间进行电子公文的传输，并保证公文在传递过程中的安全性和有效性。

●协同办公系统

协同办公系统主要由个人办公、文档管理、行政办公、信息园地、人事信息、系统管理和帮助系统等子系统组成。该系统提供了一个协同的、集成的办公环境，使所有的办公人员都在同一个且个性化的信息门户中一起工作，这样就摆脱了时间和地域的限制，实现了协同工作与知识管理。

●电子税务应用系统

税务信息化是政府信息化的重要组成部分。电子税务应用系统是传统税务工作的电子化、信息化、网络化，即指充分利用电脑网络应用等技术手段实现包括纳税申报、数据处理、税务登记、发票管理、查询违章记录、税收征管等整个业务流程的电子化、网络化、信息化。对纳税人和税务机关、人员的纳税和执法情况进行全方位的监控分析，同时辅助上级部门实施管理和决策的功能。

●电子政务决策支持系统

政府部门的决策越来越依赖于对数据的科学分析。因此，发展电子政务，建立决策支持系统，利用电子政务综合数据库中存储的大量数据，通过建立正确的决策体系和决策支持模型，可以为各级政府的决策提供科学的依据，从而提高各项政策制定的科学性和合理性，以达到提高政府办公效率、促进经济发展的目的。电子政务决策支持系统能够为政府机构内每个领域的管理决策人员提供全面、准确、快速的决策信息。对政府的相关业务起到事前决策、事中控制、事后反馈的效果。

●社区信息化系统

社区信息化系统是指运用各种信息技术和手段，在社区范围内为政府、居委会、居民和包括企业在内的各种中介组织和机构，搭建互动网络平台，建立沟通服务渠道，从而使管理更加高效，服务更加优质，最终使居民满意，进而不断提升居民的生活质量。

网络出版

网络出版的作品主要包括：已正式出版的图书、报纸、期刊、音像制品、杂志、电子出版物等出版物内容或者在其他媒体上公开发表的作品；经过编辑加工的文学、艺术和自然科学、社会科学、工程技术等方面的作品。

目前，网络出版大约有5种类型。第一种模式是目前国外较为流行的自行出版，个人就是在线出版商。第二种形式就是以网络公司为主体，谋求各种出版商服务或者代理权，出版电子图书并进行销售，然后给出版商提成版税。第三种模式是出版商自行出版发行电子图书。第四种方式是POD这种比较成熟的模式，在美国进行绝版书和小批量书的出版发行。第五种模式，比较典型的是微软开发的Ebook软件。

● 网络出版的优越性

网络出版，是基于网络的出版和发行方式，相对于传统纸质出版，网络出版有许多优越性：

节省资源

目前的网上电子图书不过是网络出版环节上的一种模式，尚未脱离传统的实物载体，但未来网络出版的最终产品将全部以电子形式出现，实现网络出版的最终目标，完全摒弃传统模式，使图书全部实现网上下载发行，彻底实现无纸化出版，使出版的形态、流通方式和结算方式发生革命性的变化，从而节约社会资源，减少环境污染，从这个角度来看，网络出版将是一种真正意义上的绿色产业。

出版与发行同步进行

网络出版的同时，其实已经实现了传统意义上的发行，这使得真正意义上的零库存成为可能。

可避免绝版

网络出版能使具有重要学术价值和文化积累价值的作品出版更加容易，无论想看多久以前的书、报纸、杂志，都可从网上下载或通过网络订购来获得。可以说，网络出版使出版真正成为了没有绝版的出版。而且，"按需印刷"这一新的出版模式，既能满足读者喜欢阅读纸介质图书的习惯，也使出版者和书店增加了新的营销方式。

价格实惠

由于网络出版是直接面向读者，减少了印制发行、书店等中间环节的支出，使得同样的内容，在网上观看或通过网络购买所需的费用仅相当于购买同等纸质图书的30%~70%、比传统出版优惠，而且还有利于打击盗版。

检索方便

电子出版一改传统出版的查找模式，通过关键字词的查询，可迅速找到所需内容，并进行目录和全文检索，使阅读更加方便和快捷，这是电子出版相对于传统出版最显著的优势之一。

阅读更自由

读者不必受限于时间和空间，无论在世界的哪个角落，均可通过网络下载电子出版物，而且一部阅读器可存储上百部甚至更多的网络出版物，减少了读者存书的物理空间，从而增加了携带的方便性。

网上银行

对于客户来说，使用网上银行可以不受时间和空间的限制，只要能上网，就可以享受银行的服务，大大节约了客户的时间和精力。国内各家商业银行大都开办了网上银行业务，客户只要登录各家银行开办的网站，就可以在网上办理相关业务。

●个人网上银行的功能

目前，我国个人网上银行发展迅速，功能日趋完善，网上银行的主要功能有5项：在线缴费、账户信息查询和维护、投资理财、账户管理、账户转账。

在线缴费主要指水、电、煤气和电话费的缴纳，以及手机卡充值等，许多银行还推出了代缴学费、委托代扣等多项业务。手机充值同样是在线缴费的一项重要功能。

账户信息查询和维护是网银的另一项基本功能。目前，多家银行的网银都能清晰列出个人用户项下的账户余额情况，账户的近期消费情况等；密码挂失、密码修改、账户挂失等，都可通过网上银行进行。

投资理财是指在网上通过银行进行银证转账、银证通、购买基金、购买债券，甚至购买保险等业务。目前大部分商业银行都开通了上述业务，客户在其柜台开设相应账户并进行网上银行签约注册后即可进行买卖。

账户管理指的是银行账户之间的划转、合并、活期转定期等常规管理业务，也就是平时人们习惯在银行排队办理的业务。现在，几乎所有银行的网银系统都具有查询、活转定、定转活、定转定、信用卡划转还款、添加子账户等业务，用户都能轻松地自助完成。

账户转账包括行内同地汇款以及异地汇款。比如，在外工作的子女给父母汇款等，通过这项功能就可轻松实现。

●企业网银快捷实用

网上银行个人版因为其贴近生活而进入寻常百姓家，对于企业客户，各商业银行也为他们量身订做了企业网上银行。企业银行服务是网上银行服务中最重要的部分之一。其服务品种比个人客户的服务品种更多，也更为复杂，对相关技术的要求也更高，所以能够为企业提供网上银行服务也是商业银行实力象征之一，企业网上银行主要有查询服务、转账服务、集团服务、财务管理、理财服务、互动服务、个性配置等功能。

●安全性能不成问题

许多人对网上银行有一种天然的"敌意"，或担心风险，或不愿尝试。事实上，个人网上银行安全使用问题对用户至关重要。有不少人在办理个人网上银行时，也都会多少有一些顾虑或担心。以工行为例，工行率先在国内推出了基于智能芯片加密的物理数字证书U盾，并获得国家专利。U盾相当于给网上银行加了一道锁，一旦把自己在银行的账户纳入此证书管理，在网上银行办理转账汇款、B2C支付等业务都必须启用客户证书进行验证，而客户证书是唯一的、不可复制的，任何人都无法利用你的身份信息和账户信息通过互联网盗取资金。U盾以其安全级别高、增值服务丰富的特点被世界上公认为目前网上银行客户端级别最高的一种安全工具。

网络书店

●藏书丰富

由于传统书店不论门市或仓储空间是否有限，往往在考虑成本压力下只以所谓的畅销书为销售主体，对于读者的特殊需求或较为冷门的书籍则无力顾及。但是数字化科技为这个困扰带来了解决的契机，以目前的技术，各网络书店不需要储存大量的库存，因为各大网上书店都与各家出版社保持良好的联系，当出现缺货时，会第一时间与出版社沟通，所以可以为读者提供更全更多的图书。

●方便查找

在传统书店中要找一本书，除了要看店里的分类摆设是否适当之外，有时还要低声下气地麻烦店员帮忙，更惨的是常常还是找不到，而且这还是在你确切知道要找哪一本书的时候才有可能发生的事。万一你只想找某一方面的图书，可能就会迷失在茫茫书海中了。但网上书店就不同了，有别于传统的方式，它的最大好处在于它可利用建立索引文件，达到便利查询。如不需要知道完整的信息，只需要输入部分的关键词或讯息，就可以快速查到所需的信息，只需鼠标一点，即可坐等快递将用户选定的图书送货到家。

●省时省力

网购因其便宜、方便、实惠的特质，成了很多人新的消费方式。金融危机之际，不少网络书店纷纷推出各种优惠政策抢占市场。以当当网为例，多次降低网购门槛，并实施零运费和提速计划，大部分订单还实现了"次日送达"和"隔日送达"。

●实在折扣

以图书为例，当当网的供货商有上千家，其中销售额超过1000万元的有30家，向当当网独家提供促销折扣的战略合作伙伴有28家。当当网不仅有独家销售的特型书，还销售更多的小众书、学术书、冷门书。此外，他们还通过推出读者书评、总编荐书、个人图书馆、会员积分、读书频道等各种人性化服务来增强用户间的互动。网上书店相比传统书店具有更大的价格优势。当当网等崛起的一个重要因素就是价格的低廉。庞大的销售规模使网上书店具有很强的低价采购优势，在传统书店里面很难打折的图书，在网上动辄7折，甚至更低。

网络黑客

●黑客的行为主要有以下几种

学习技术

互联网上新技术一旦出现，黑客就必须立刻学习，并用最短的时间掌握这项技术，这里所说的掌握并不是一般的了解，而是阅读有关的"协议"、深入了解此技术的机理，否则一旦停止学习，那么以前掌握的内容，并不能维持他的"黑客身份"超过1年。

伪装自己

黑客的一举一动都会被服务器记录下来，所以黑客必须伪装自己使得对方无法辨别其真实身份，这需要有熟练的技巧，用来伪装自己的IP地址、使用跳板逃避跟踪、清理记录扰乱对方线索、巧妙躲开防火墙等。

发现漏洞

漏洞对黑客来说是最重要的信息，黑客要经常学习别人发现的漏洞，并努力寻找未知漏洞，并从海量的漏洞中寻找有价值的、可被利用的漏洞进行试验，当然他们最终的目的是通过漏洞进行破坏或修补上这个漏洞，在黑客眼中，所谓的"天衣无缝"不过是"没有找到"而已。

利用漏洞

对于正派黑客来说，漏洞要被修补；对于邪派黑客来说，漏洞要用来搞破坏。而他们的基本前提是"利用漏洞"做一些好事：正派黑客在完成上面的工作后，就会修复漏洞或者通知系统管理员，做出一些维护网络安全的事情；做一些坏事：邪派黑客在完成上面的工作后，会判断服务器是否还有利用价值。如果有利用价值，他们会在服务器上植入木马或者后门，便于下一次来访。而对没有利用价值的服务器他们决不留情，系统崩溃会让他们感到无限的快感。

黑客行为有着复杂的心理与文化背景，同时人们应该看到，并非所有黑客行为都对社会有危害，有些黑客行为对完善网络技术反而有着积极的作用。研究黑客行为的刑法对策，除了要了解其历史与文化渊源，还要考察其心理特征。不同的心理特征，决定了不同黑客的主观性，也决定了不同黑客行为的社会危害性，这是判断对不同黑客行为的刑事政策的根据所在，人们希望在这个网络大家庭中能够有更多的正派黑客来维护，而不是大家所广泛理解的贬义。

计算机病毒

●什么是计算机病毒？

计算机病毒并不是自然存在的，而是有些人利用计算机软件或者硬件所固有的脆弱性，编制的具有特殊功能的一段程序，由于这段程序和生物医学上的病毒有极其相似的特性，同样具有传染性和破坏性，因此被叫作"计算机病毒"。从广义的角度来讲，凡是能够引起计算机故障、破坏计算机数据的程序，统称"计算机病毒"。官方的计算机病毒的定义：计算机病毒是在计算机程序中插入的破坏计算机功能或者毁坏数据、影响计算机使用，并能自我复制的一种计算机指令或者程序代码。

●病毒的传播途径

当今病毒更加依赖网络，对个人电脑或企事业单位影响最大的是网络蠕虫，或者是符合网络传播特征的木马病毒等，传播方式呈现多样化。病毒最早只通过文件拷贝传播。随着网络的发展，目前病毒可通过各种途径进行传播：有通过邮件传播的，如求职信；有通过网页传播的，如欢乐时光；有通过局域网传播的，如FUNLOVE；有通过QQ传播的，如QQ木马、QQ尾巴；有通过MSN传播的，如MSN射手……可以说，目前网络中存在的所有方便快捷的通信方式中，都已出现了相应的病毒。这些病毒一个共同的特点是，病毒变种的编写极其容易，因此瞬间会出现多种"秘而不宣"的变种，导致传统的杀毒软件无法及时查杀变种。

●远离计算机病毒

1. 建立良好的安全习惯

例如：对一些来历不明的邮件及附件不要打开，不要上一些不太了解的网站、不要执行从 Internet 下载后未经杀毒处理的软件等，这些必要的习惯会使您的计算机更安全。

2. 关闭或删除系统中不需要的服务

默认情况下，许多操作系统会安装一些辅助服务，如 FTP 客户端、Telnet 和 Web 服务器。这些服务为攻击者提供了方便，而又对用户没有太大用处，如果删除它们，就能大大减少被攻击的可能性。

3. 经常升级安全补丁

据统计，有80%的网络病毒是通过系统安全漏洞进行传播的，像蠕虫王、冲击波、震荡波等，所以我们应该定期到微软网站去下载最新的安全补丁，以防患于未然。

4. 使用复杂的密码

有许多网络病毒就是通过猜测简单密码的方式攻击系统的，因此使用复杂的密码，将会大大提高计算机的安全系数。

5. 迅速隔离受感染的计算机

当您的计算机发现病毒或异常时应立刻断网，以防止计算机受到更多的感染，或者成为传播源，再次感染其他的计算机。

6. 了解一些病毒知识

这样就可以及时发现新病毒并采取相应措施，在关键时刻使自己的计算机免受病毒破坏。如果能了解一些注册表知识，就可以定期看一看注册表的自启动项是否有可疑键值;如果了解一些内存知识，就可以经常看看内存中是否有可疑程序。

7. 最好安装专业的杀毒软件进行全面监控

在病毒日益增多的今天，使用杀毒软件进行防毒，是越来越经济的选择，不过用户在安装了反病毒软件之后，应该经常进行升级，将一些主要监控经常打开（如邮件监控、内存监控等）、遇到问题要上报，这样才能真正保障计算机的安全。

8. 用户还应该安装个人防火墙软件进行防黑

由于网络的发展，用户电脑面临的黑客攻击问题也越来越严重，许多网络病毒都采用了黑客的方法来攻击用户电脑，因此，用户还应该安装个人防火墙软件，将安全级别设为中、高，这样才能有效地防止网络上的黑客攻击。

电子邮件炸弹

电子邮件炸弹指的是发件者以来历不明的电子邮件地址，不断重复将电子邮件寄于同一个收件人。由于情况就像是战争时利用某种战争工具对同一个地方进行大轰炸，因此称为电子邮件炸弹。称为 E-mail Bomber。

●电子邮件炸弹

有些人误以为电子邮件炸弹就是垃圾邮件（Spaming），其实两者不尽相同。垃圾邮件指的是同一发件者在同一时间内将同一电子邮件寄出给千万个不同的用户(或寄到新闻组)，主要是一些公司用来宣传其产品的广告方式。

垃圾邮件不会对收件人造成太大的伤害，而电子邮件炸弹则会干扰到你的电子邮件炸弹库，是杀伤力极大的网络武器。

●危害

电子邮件炸弹之所以可怕，是因为它可以大量消耗网络资源。通常，网络用户的信箱容量是很有限的。在有限的空间中，如果用户在短时间内收到上千上万封电子邮件，那么经过一轮邮件炸弹轰炸后的电子邮件的总容量很容易就把用户有限的阵地挤垮。这样用户的邮箱中将没有多余的空间接纳新的邮件，那么新邮件将会丢失或者被退回，这时用户的邮箱已经失去了作用。另外，这些邮件炸弹所携带的大容量信息不断在网络上传输，很容易堵塞带宽并不富裕的传输信道，这样会加重服务器的工作强度，减缓了处理其他用户电子邮件的速度，从而导致了整个过程的延迟，也随时会因为"超载"，导致整个电脑瘫痪。

●不要这样做

遭受"炸弹"袭击后，很想"以其人之道还治其人之身"，让这些"恶人"也尝尝"中弹"的滋味，于是可能会用电子邮件中的回复和转信的功能将整个炸弹"回放"给发件人。然而这些狡猾的"恶人"为避免"杀身之祸"，早已将退路准备好，他们把电子邮件中的发信人和收信人的两个地址栏都改换成了被攻击者的邮件地址，如果你想报复他们的话，你的"回礼"行动不仅不能够成功，他们还会让你"搬起石头砸自己的脚"，使你的邮箱"雪上加霜"，你所寄出的电子邮件就会永无止境地返回给自己。

●可以这样做

一是向ISP服务商求援，请他们采取办法帮你清除E-mail Bomb。二是采用过滤功能，在邮件软件中安装一个过滤器（如E-mail notify）。三是使用转信功能，有些邮件服务器为了提高服务质量往往设有"自动转信"功能，利用该功能可以在一定程度上解决容量特大邮件的攻击。四是谨慎使用自动回信功能。五是用专用邮件工具软件来清除这些垃圾信息。

时尚数码产品

到了科技飞速发展的今天，数码产品早已经不是一个什么新鲜名词了。毕竟，铺天盖地、花样繁多的数码产品频频闪亮登场。从DC、DV、DVD、CD、MD、U盘到MP3、MP4甚至MP5，真是让人目不暇接。最主要的是这些数码产品大大方便了我们的生活，提高了我们的生活质量。

如果一定要界定数码产品的概念，首先，我们有必要先回顾一下生活中常见的数码产品都有哪些。数码产品的种类很多，更新换代也非常快。现在市场上、生活中常见的数码产品主要包括：

数码相机(DC及数码后背)；

数码摄像机(用DV、DVD、MMV、闪存等存储介质)；

数码电视；

某些显示器、打印机、扫描仪，CD、MD、MP3、MP4、MP5，以及可以实现上述功能的台式电脑、掌上电脑、学习机、手机、PDA及电子辞典；

移动存储器（包括U盘、闪存卡、移动硬盘等）；

内置微电脑的手表，笔记本电脑，娱乐机器人，家庭多媒体中心，游戏机，网络收音机，以及与上述产品相配套的一系列诸如蓝牙耳机、音箱、接线，网络设备（广域与局域）、外设等辅助设备。

稍一整理便会发现，数码产品真可谓是五花八门、超乎想象的一个庞大的范畴。而且随着数字产业的发展和人们生活需求的提高，还会陆续出现更多的数码产品融入我们的生活。

那么，究竟什么是数码呢？

数码其实是一种格式。电脑的储存是基于0-1的二进制的格式，这种存储格式就叫数码。

数码产品就是通过软硬件的组建，利用二进制语言或者某些特殊数字语言对某一类文件进行传输，存储，编制，解码，并由此带来一定应用感受的消费产品。

二进制？解码？这些看起来和数学和高科技相关的枯燥字眼儿乍一看是怎么都和流光溢彩的时尚潮流不太搭调的。这就好比博士研究生给人的感觉，二十年前是在试验室里不苟言笑地搞科研，二十年后的今天极有可能随时出现在幼儿园小朋友身边讲科普故事，这是因为教育大众化的来临。数码产品也是同样道理，它只是前沿高端科技的生活化、普及化。

高科技走入生活，多媒体数码产品既具备了多种出人意料的功能和用途，外型设计又融入诸多设计元素，集唯美、靓丽、简约于一身，想不时尚都难。

字母解读数码产品

1.DC：英文 Digital Camera 的缩写，指数码相机，用来拍摄静态照片。以 CCD 或 CMOS 为光感元件的相机都可称为数码相机。

2.DV：英文 Digital Video Camera 的缩写，指数码摄像机，用来拍摄动态图像。与传统录像带摄像机最大的一个区别就是它拥有一个可以及时浏览图片的屏幕，称之为数码摄像机的显示屏，一般为液晶结构，即 LCD。DV 具有清晰度高，色彩更纯正，影像可以无损复制，机体体积小、重量轻、易携带，数据便于传输等传统录像带摄像机所不能比拟的特点和优势。

3.DVD：是英文 Digital Versatile Disc 的缩写，意即"数字多用途光盘"，是 CD/LD/VCD/EVD 的后继产品。最常见的 DVD，即单面单层 DVD 的资料容量约为 VCD 的 7 倍，这是因为 DVD 和 VCD 虽然是使用相同的技术来读取深藏于光盘片中的资料(光学读取技术)，但是由于 DVD 的光学读取头所产生的光点较小(将原本 $0.85\mu m$ 的读取光点大小缩小到 $0.55\mu m$)，因此在同样大小的盘片面积上(DVD 和 VCD 的外观大小是一样的)，DVD 资料储存的密度便可提高，也就是说，DVD 资料容量得以提升。

4.CD：代表小型镭射盘，是一个用于所有 CD 媒体格式的一般术语。

现在市场上有的 CD 格式包括声频 CD, CD-ROM, CD-ROM XA, 照片 CD, CD-I 和视频 CD 等等。在这多样的 CD 格式中, 最为人们熟悉的一个或许是声频 CD, 它是一个用于存储声音信号轨道如音乐和歌的标准 CD 格式。CD 数字声频信号(CDDA)是由 Sony 和 Philip 在 80 年代作为音乐传播的一个形式来介绍的。因为声频 CD 的巨大成功, 今天这种媒体的用途已经扩大到进行数据储存, 目的是将数据存档和传递。和各种传统数据储存的媒体如软盘和录音带相比, CD 是最适于储存大数量的数据, 它可能是任何形式或组合的计算机文件、声频信号数据、照片映像文件, 软件应用程序和视频数据。CD 的优点包括耐用性、便利和有效的花费。

5.MD: 意即 Mini Disc (迷你磁光盘)。由日本索尼公司于 1992 年正式批量生产的一种音乐存储介质, 现在一般笼统地称便携式 MD 机为 MD。MD 机可以分为可录音/下载型 MD 机 (有写入磁头和读取激光头) 和单放型 MD 机 (只有用于读取数据的激光头,不可写入)。MD 机是集合光、磁、机、电等技术于一身、技术含量较高的产品, 与一般的便携式 CD 播放器以及磁带机相比, MD 机既具有接近 CD 的音质 (背景噪声较 CD 低, 实际音质稍低于 CD 音质, 但足以满足音乐爱好者的要求), 较为可靠的数据存储期, 又具有磁带机的可重复擦写机能。MD 机允许使用者通过随机附带的 Sonic Stage 软件自行录制音乐, 可以从所有的音源设备通过合适的连接方式 (模拟音频线、光纤线、麦克风) 录制一切的声音。同时用户可以对录制到 MD 碟片上的音乐进行名称编辑、分割、移动、删除等编辑操作。可以进行快速的曲目变换, 快进, 编制顺序播放, 随机播放和重复播放。数字化记录音乐可以给使用者提供更纯净的音乐享受。

6.MP3: 是对数字音乐进行压缩的一种高效方法,将声音用 1:10 甚至 1:12 的压缩率, 变成容量较小的档案,但是在人耳听起来,却没有什么不同。由于这种压缩方式的全称叫 MPEG Audio Layer3, 所以人们把它简称为 MP3。用 MP3 形式存储的音乐就叫作 MP3 音乐, 能播放 MP3 音乐的机器就叫作 MP3 播放器。

7.MP4: 全称 MPEG-4 Part 14, 是一种使用 MPEG-4 的多媒体电脑

档案格式，以储存数码音讯及数码视讯为主。另外，MP4也可理解为MP4播放器，它是一种集音频、视频、图片浏览、电子书、收音机等于一体的多功能播放器。

8.MP5：是新一代的便携式个人多媒体终端，其核心功能就是利用地面及卫星数字电视通道实现在线数字视频直播收看和下载观看等功能，同时，MP5内置40~100G硬盘，使用者可以将MP3、网络电影甚至DVD大片、电视连续剧、自己喜欢的照片统统纳入其中。

数码相机

●什么是数码相机？

就是一种能够进行拍摄，并通过内部处理把拍摄到的景物转换成以数字格式存放的图像的特殊照相机。

与普通相机相比数码相机并不使用胶片，而是使用固定的或者是可拆卸的半导体存储器来保存获取的图像。数码相机可以直接连接到计算机、电视机或者打印机上，还可以直接接到移动式电话机或者手持PC机上。由于图像是内部处理的，所以使用者可以马上检查图像是否正确，而且可以立刻打印出来或是通过电子邮件传送出去。

●与传统相机相比有以下五大区别

制作工艺不同、拍摄效果不同、拍摄速度不同、存储介质不同、输入输出方式不同。其中最大分别在于记录影像的方式：

传统相机：镜头→底片；

数码相机：镜头→感光芯片→数码处理电路→记忆卡。

传统相机利用底片，而数码相机主要靠感光芯片及记忆卡。

数码相机的优点

一是即拍即见。如果你旅游或参加一些重要的约会时用传统相机拍摄，回来冲洗发现拍摄的品质不对劲，如太光、太暗，主题被挡甚或完全没有影像，这时的心情真是难以形容。但用数码相机就不会发生这种情况，因为差不多所有的数码相机都有一个液晶显示器（LCD），它可以立即显示刚拍下的影像，如果发现不对劲，可以把影像删除，再重新拍摄，直到您满意为止。

二是不必考虑拍摄成本。因拍摄后可慢慢选择，将最好的影像拿去打印，其余可删除或储存到硬盘。

三是影像品质永远不变。用底片或照片记录影像，时间久了，都会褪色及变坏，无法保持原有的质量。相反，由数码相机拍下的影像被储存在计算机硬盘及其他储存媒体中，不论被复制多少次，都可以保持品质一致。

四是可以直接进行编辑使用。用数码相机拍下的影像可直接下载到计算机内，然后可通过 E-mail 的方式把影像立即传送给别人或客户，在冲印上不用花钱和时间。另外也可以将数码影像应用在网页设计中，把公司的产品通过自身的网站推广到世界的每一个地方，实为电子商务的必备利器。

五是储存空间小。数码相机所拍下来的影像只是一堆数据而已，只要用一些细小的储存装置，如硬盘等，便可存放大量的影像。

百变手机

手机已经如此炫了，互联网时代还将会有怎样的精彩呢？随着 ARM (一种微处理器)类应用处理器的大量应用以及 GPU(图形处理器)的登场，IC(集成电路)技术使芯片的功能越来越强大，将直接导致各式全新的互联手机出现。3G、WAPI、GPS 导航、CMMB 等领域都将是手机互联的热点，手机互联的时代即将来临。

3G，全称为 3rd Generation，中文含义就是指第三代数字通信。相对于第一代模拟式手机(1G)和第二代 GSM、TDMA 等数字手机 (2G)而言，第一代数字手机只能进行语音通话，第二代数字手机便增加了接收数据的功能，如接受电子邮件或网页。第三代手机是指将无线通信与国际互联网等多媒体通信结合的新一代移动通信系统，它能够在全球范围内更好地实现无缝漫游，能够处理图像、音乐、视频流等多种媒体形式，提供包括网页浏览、电话会议、电子商务等多种信息服务。为了提供这种服务，无线网络必须能够支持不同的数据传输速度，也就是说在室内、室外和行车的环境中能够分别支持至少2Mbps(兆比特/每秒)、384kbps(千比特/每秒)以及144kbps的传输速度。

视频聊天和手机上网，是绝大多数人对于3G时代手机功能的理解。网络这一手机的基本应用，将随着3G的发展，而被更多人认识。2009年1月7日，工业和信息化部正式发放3G牌照，标志着中国正式进入3G时代。同时，TD作为我国拥有自主知识产权的3G标准，也获得了快速的发展。目前，已经有20多家终端手机厂商出了60多款TD手机。人们可以欣喜地看到，在终端厂商的大力推动下，TD手机已经被越来越多的消费者认可。在办公室、咖啡厅、旅游景点，TD手机已随处可见。

WAPI，是 WLAN Authentication and Privacy Infrastructure 的英文缩写。它像红外线、蓝牙、GPRS、CDMA1X等协议一样，是无线传输协议的一种。WAPI目前虽然没有正式的商用终端手机推出，但兼容WAPI功能的WLAN(无线局域网)+3G的中国"无线城市"运营蓝图已经逐步成形，随着WAPI的发展壮大，将直接影响手机功能的发展方向。无线局域网与3G相结合的手机产品在国外已比较成熟，国内很多开发厂商也都掌握了这一技术。由于技术门槛并不高，只要市场需求增大，更多的厂商会一拥而上地采用WAPI标准。对于消费者而言，随着笔记本电脑等无线网络的普及，无线局域网手机也将成为他们生活中的必需品。无论从厂商的角度还是从市场的角度来讲，WAPI手机已迎来了难得的发展机遇，其也将成为手机技术发展的新趋势。

GPS定位导航技术是当前的一大热点，它通过卫星定位，依据地图数据进行导航。尤其到了互联网技术成熟的3G时代，手机如拥有GPS导航功能的话，无疑如虎添翼。专家预测，GPS将是未来手机发展的趋势，其将不再是个别用户用来炫耀手机功能的工具。随着GPS地图的不断完善、相关软件的不断升级，它的功能也将变得更加实用。

CMMB是英文 China Mobile Multimedia Broadcasting （中国移动多媒

体广播）的简称。它是国内自主研发的第一套面向手机、PDA、MP3、MP4、数码相机、笔记本电脑等多种移动终端的系统，利用S波段信号实现"天地"一体覆盖、全国漫游，支持25套电视节目和30套广播节目。CMMB借助卫星通信,能极好地解决移动终端（手机电视）信号流畅的问题；其由国家广电总局管理，其负责的电影，电视，广播载体，具有丰富的电视内容资源；此外，CMMB兼顾国家媒体信息发布功能，收费低廉。

数字电影

● 与传统电影的区别

数字电影从电影制作工艺、制作方式、到发行及传播方式上均全面数字化。与传统电影相比，数字电影最大的区别是不再以胶片为载体，以拷贝为发行方式，而换之以数字文件形式发行或通过网络、卫星直接传送到影院、家庭等终端用户。数字化播映是由高亮度、高清晰度、高反差的电子放映机依托宽带数字存储、传统技术实现的。作为数字电影技术中目前应用最广泛的技术，数字特效技术早在上个世纪中期就已经开始应用到电影制作过程中了。不过刚开始的时候，数字技术在电影中的应用还有相当的局限性，大多只是帮助导演把图像进行"无缝拼接"，消除原来"电影魔术"中明显的人为痕迹和不真实感。乔治·卢卡斯就是这方面的最早使用者之一，而他的《星球大战》系列影片也因此受益匪浅。许多观众恐怕到今天也不会忘记《星球大战》中充满立体感的太空战舰，10多米高的会走路的陆战坦克，还有那些嗡嗡作响的激光剑，这些逼真的视觉形象给了人们巨大的感官享受。

● 数字电影的发展

然而随着技术的发展，计算机带来的数字技术破天荒地把许多原来电影表现不了的题材变成了可能，依靠数字影像合成建立的全新的电影形式与风格，迅速加快了电影创造财富的速度。作为迄今为止全球电影票房最高的电影《泰坦尼克号》，导演詹姆斯·卡梅隆更是投入了大量资金用电脑制作出冰海沉船的壮观场面，创下了全球票房收入18亿美元的最高纪录。凡是看过《泰坦尼克号》的观众，都会深刻感受到其数字化的特技在影片中的惊人效果。在《泰坦尼克号》获得的11项奥斯卡大奖中，除了电影界最关心的"最佳影片"奖、"最佳导演"奖外，其中"最佳视觉效果"奖则完全属于数字特技的贡献。这样大规模的数字特效制作最后产生的艺术效果也是惊人的。尽管这艘巨轮是用模型做出来的，远景中船上的旅客、海中的海豚，船行进中激起的浪花乃至远天的背景也都是用电脑合成出来的，但观众在观看电影时，却不会对这些从未真实存在过的景象感到怀疑。同时，在长镜头的表现上，由于有电脑特技的帮助，导演可以表现出原来根本无法拍出的效果。

●数字电影的特点

数字电影能演绎全新的5：1声道AC—3音响环绕的声音效果，极大地扩展了电影声音的表现空间，使电影声音的感染力、震撼力达到了前所未有的水平；从图像效果看，色彩更加鲜明、饱满，清晰度大大提高，改变了胶片放映时银幕中间亮、四边暗的缺陷，其均匀度近乎完善。此外，数字技术营造出极度的虚拟空间和各种匪夷所思的景象，这些都是普通电影制作手段无法展示的。数字电影最大程度解决了电影制作和发行过程的损失问题，即使反复放映也丝毫不影响音画质量。制作好的数字电影可以通过数字软盘进行发行或通过国际卫星发送到世界各地的影院放映，省去了费时费力的拷贝复制和运输过程。

数字化电影技术极大地拓宽了艺术家的创作天地，给正在衰落的电影产业注入了新的活力，一代具有新思维的艺术创作人员和电影产业中的新兴职业，如数字电影软件设计师、电脑美术设计师、视觉效果设计师等会在21世纪的电影舞台上成为主角。

数字电视

● 数字电视系统

"数字电视"的含义并不是指我们一般人家中的电视机，而是指电视信号的处理、传输、发射和接收过程中使用数字信号的电视系统或电视设备。其具体传输过程是：由电视台送出的图像及声音信号，经数字压缩和数字调制后，形成数字电视信号，经过卫星、地面无线广播或有线电缆等方式传送，由数字电视接收后，通过数字解调和数字视音频解码处理还原出原来的图像及伴音。因为全过程均采用数字技术处理，因此，信号损失小，接收效果好。

数字电视严格地说就是从信源开始，将图像画面的每一个像素、伴音的每一个音节都用二进制数编码成多位数码，再经过高效的信源压缩编码和前向纠错、交织与调制等信道编码后，以非常高的比特率进行数码流发射、传输和接收的系统工程。在接收端的显像管和扬声器的输入端，得到的是模拟图像信号（高质量图像）和模拟音频信号（环绕立体声或丽音效果）。数字电视能带来高质量的画面，高质量的音效，功能更加丰富。在数字电视中，采用了双向信息传输技术，增加了交互能力，赋予了电视许多全新的功能，使人们可以按照自己的需求获取各种网络服务，包括视频点播、网上购物、远程教学、远程医疗、电视现实股票交易、信息查询等新业务，使电视机成为名副其实的信息家电。

● 数字电视机顶盒

在模拟电视转化为数字电视时，普通的电视机都要装一个机顶盒，机顶盒的全称叫做"数字电视机顶盒"，英文缩写"STB"（Set–Top Box）。为什么要装一个机顶盒呢？

因为，原来的电视机是模拟电视机，不是数字电视机，因此它在数字电视系统里是不能接受数字化的电视信号，而只能接受模拟电视信号，这就等于这种电视机要全部换掉，以新型的数字化电视机代替。可是那会造成巨大的资源浪费，于是就采取了一套外加设备——机顶盒的过渡方法。

早年，黑白电视向彩色电视过渡时，采用了兼容的办法，PAL-D制在中国一直延续到现在。从模拟电视向高清晰度数字电视的过渡，是一个跨越式的过渡，可以说无法直接兼容。也就是说目前所有的模拟电视机是不能使用的，所以一步到位是不现实的。目前各国采用了一个过渡式的办法——即数字电视机机顶盒。数字电视机顶盒是一种将数字电视信号转换成模拟信号的变换设备，它对电视台传输过来的，经过数字化压缩的图像和声音信号进行解码还原，产生模拟的视频和声音信号，然后把模拟的视频和声音信号输入电视机，通过电视显示器和音响设备给观众提供高质量的电视节目。

使用了数字机顶盒后将数字信号转变成模拟信号输入给现在的模拟电视机显示信息，这样有效地避免了电视信号在传输过程中导致的干扰和损耗，电视接收的信号质量得到了很大程度的改善。这只是一种过渡，由于模拟电视机的扫描线已定，所以它与高清晰度数字电视相比，还有相当大的距离。

目前的数字电视机顶盒已成为一种嵌入式计算设备，具有完善的实时操作系统，提供强大的CPU计算能力，用来协调控制机顶盒各部分的硬件设施，并提供易操作的图形用户界面，如增强型电视的电子节目指南，给用户提供图文并茂的节目介绍和背景资料。同时，机顶盒具有"傻瓜计算机"能力，这样通过内部软件功能和对网络稍加进行双向改造，很容易实现如因特网浏览、视频点播、家庭电子商务、电话通信等多种服务，可谓一网打天下。

高清晰度数字电视(HDTV)是未来的发展方向，到那时现在的模拟电视机全部被淘汰，换上数字电视机；电视台的射、录、编设备也相应更换为数字化，人们在电视屏幕上看到的将是高清晰度的电视画面，并会体验到更多的功能，HDTV会把电视带入一个崭新的时代。

交互电视

●什么是交互电视？

交互电视是数字电视的一种应用，它既拥有传统电视广阔的群众基础，又带有互联网的强大交互能力，使现时的普通电视不但向着高清晰度电视方向发展，同时将发展成可提供丰富信息和娱乐业务的双向交互式媒体，它在单向分配业务的基础上，增加了交互功能，形成双向信道。这样用户不仅可通过上行返回信号参与选择，通过下行节目信息收看节目，提供点播电视、电视购物、电视教育、电子银行、多媒体电子邮件、交互式游戏等各种交互服务。

交互电视既保留了传统的观看习惯，又带来了新的传播方式，增强了互动的方式。

观众反馈：观众可以直接和节目人员进行沟通。通过双向的连接，观众可以回答问题，彼此交谈，可以进行联机投票。

电子商务机会：电视观众将能够通过点击来购买自己喜欢的商品和服务。将传统电视的能力与新型的网络销售结合起来，交互电视的出现将带给商家新的销售模式。

新的收入模式：通过赞助和广告，交互电视打开了收入之门。交互电视直接联系着消费者和商家。无论是重大事件还是电影，无论是体育比赛还是儿童玩具，无论是时装还是其他商品，全都可以通过交互电视直接送到观众面前。

传递更多的信息：通过交互手段可以传递更多的产品以及服务细节。当电视节目或者广告播放的时候，观众可以得到更多的信息。以前，我们总是告诉观众一个网站，然后等待他们去点击，现在，网站已经被集成到观看的过程之中。

●交互电视的"交互形式"

对于交互电视而言，完全交互方式是交互的极致，具有按需获取的全部优点，但是其服务成本也非常高。除了在前端需要大量的设备之外，还需要占用大量的频谱资源。以典型的安全交互式业务"视频点播"为例，每一个点播用户将占用一个独立的流。因此，前端必须具有足够的流播放能力。其次，每一个流会占用相应的频谱，即占用一个传输通道。如果按IP方式运行，同样会占用相应的数据带宽。在有线网络中，可以拿出来用的频谱大概能够支持数百个独立通道，仅仅能够满足小规模用户的数量水平，甚至无法实现对城市一级的服务，更谈不到面向全省、全国。另外，典型的交互体育节目形态之一是多角度节目。在这种类型的节目中，电视台将提供多个不同角度的摄像机图像信号，用户可以利用遥控器选择。

●交互电视技术的应用和展望

目前，交互电视的应用集中在以下几个方面：

用户控制功能：屏幕指南（EPG）、视频点播（VOD）、个人录像机（PVR）；

信息功能：新闻点播、天气预报、体育、教育、电影预告；

通讯功能：电子邮件、分类广告、商品零售、聊天；

游戏功能：互动游戏、电视猜谜；

客户服务：账单、电视银行以及其他各种帮助。

交互电视最早在欧洲产生并实际使用。在法国，将近20%的数字用户在电视上登录银行。这种定期的使用模式产生了不可预测的财源。世界上最大的互动电视游戏频道PlayJam是最热门的游戏场所，每年美国、英国和法国的玩家在上面玩的游戏超过14亿次，一天中每次游戏的时间平均为25分钟。在西班牙，有关ITV的统计表明，典型的互动广告每6个用户中有一个用户回应，直接营销得到的回应率也不过如此。

可视电话

● 可视电话的工作原理

可视电话一般由电话机、电视摄像机和屏幕显示器三部分组成。电话接通后，电视摄像机便开始工作，摄取通话人的形象传给对方，屏幕显示器便出现了对方的图像。

在这里，"编解码芯片技术"是可视电话工作的关键，没有核心编解码芯片，可视电话只能是无源之水、无本之木。语音和图像在传输时，必须经过压缩编码、解码的过程，而芯片正是承担着编码、解码的重任，只有芯片在输出端将语音和图像压缩并编译成适合通讯线路传输的特殊代码，同时在接收端将特殊代码转化成人们能理解的声音和图像，才能构成完整的传输过程，让通话双方实现声情并茂的交流。

实际上，我们现在所使用的可视电话多指慢扫描可视电话。一般每隔半分钟传送一幅图片，电视信号的频率也只是电视广播的千分之一。慢扫描可视电话可以用音频载波，传送图像恰好适用于普通电话的频率范围，所以，使用三条普通电话线就可以实现远距离传输可视电话了。由于慢扫描可视电话占用的线路少，使用十分经济、方便，在我国主要用于电话会议，既可以闻声见人，又可以形象直观地展示图表、文件、实物等，在西方发达国家，可视电话还广泛应用在家庭图像通信，成为现代家庭常用设备之一。

另外，可视电话还广泛用于构成数字可视对讲系统。访客来访，通过梯口机拨号呼叫指定的室内机，梯口机通过将访客的影音信息数字化后编码压缩传送给指定的室内机，室内机接收到网络传输过来的影音信号进行解压缩显示，确定访客身份后，按动开锁键开启梯口的门锁。此外，公检法、新闻单位、军队、铁路、航空等各个领域，都有可视电话施展才能的用武之地，给生活、工作带来了更多的方便。

可视电话属于多媒体通信范畴，是一种有着广泛应用领域的视讯会议系统，使人们在通话时能够看到对方影像。它不仅适用于家庭生活，而且还可以广泛应用于各项商务活动、远程教学、保密监控、医院护理、医疗诊断、科学考察等不同行业的多种领域，因而有着极为广阔的市场前景。

可视电话产品主要有两种类型，一类是以个人电脑为核心的可视电话，除电脑外还配置有摄像机（或小型摄像头）、麦克风和扬声器等输入输出设备；另一类是专用可视电话设备（如一体型可视电话机），它能像普通电话一样，直接接入家用电话线进行可视通话。由于普通电话线普及率很高，因此在公用电话网上工作的可视电话最具发展潜力。

网络视频通讯

视频通讯可以把位于两点或多点的千里之外的现场画面和声音实时地传送到本地，并实现文档和数据共享。是一种节约开支、节约时间、节省体力的新型现代通信方式。视频的丰富表现力，加之可以轻松地借助于文字交流、白板、远程桌面共享等交互技术，使得网络视频通讯得到广泛的应用，除了视频聊天等个人应用外，还开始在远程协作、远程医疗、远程监控、远程订货、远程教育、网络视频会议等多个行业与领域得到应用。

在一台设备上实现视频、语音和安全、网络管理全集成，这正是网络发展的一个方向。比如说，当人们走进一个会议室，在桌子旁就座，轻触一个按键，即可同纽约分部的同事交谈。我们与对方沟通时不但可以看到对方生动的手势、愉快的表情，甚至可以察觉到他们脸上每一条皱纹的起伏和手表上秒针的跳动。还在同一间会议室，人们又与远在东京的客户进行了一次紧张而又激烈的谈判……这种完美沟通的梦想已经变成了现实，人与人之间"面对面"和"在一起"的概念，将被重新定义，因为我们能够超越时空地传递真实环境和表达真实情感。

借助于网络，政府能够把公共服务能力与信息互动融为一体。

在实现远程"面对面"的交流后，网络的意义已经不仅限于提供连接能力，更是一个创新和提升效率的平台。它能够显著降低行政成本、提高行政效率与效能，从而推进信息共享、加强公共服务能力。不久的将来，医疗保健、教育、零售、银行、娱乐和政府等行业都会发生革命性变化，私人医生在千里之外为自己的客户检查身体，家庭教师在另一个城市通过网络为学生辅导功课，甚至"手把手"地教他们练习素描。

"再现真实"和"实现真实"的理念，赋予网络全新的应用内涵，将是网络通信走向一个崭新时代的开始，具有不可忽视的阶段性标志和象征性意义。就像100多年前的电话，30年前的互联网一样。今后数年，网络视频通讯将引领一种潮流，它将为人们提供跨时空随时随地"见面"的感受和体验，它将为运营商提供崭新的服务平台和运营模式，它更会让商务人士开始更为高效灵活的管理和协作，从而摆脱因为不完美沟通体验所带来的"拖后腿"现象。先进的互联网技术的出现，将原有寄托在不同介质上的数据、音频、视频以及随时随地移动整合在统一的网络平台上，这也将成为推动人类文明走向全面信息化并创造更大经济效益的巨大力量。

蓝　牙

●蓝牙的个人及家庭应用

蓝牙技术能够在短时间内在世界范围内成为标准，其主要原因在于它不仅可以让许多种智能设备无线互连，可以传输文件、支持语音通信，可以建立数据链路等，应用蓝牙技术的典型环境有无线办公环境、汽车工业、信息家电、医疗设备以及学校教育和工厂自动控制等。特别是在个人及家庭中的应用，给我们的生活带来了许多的方便。

蓝牙技术不仅仅运用于电脑，像移动电话、数字相机、摄像机、打印机、传真机、家电等许许多多电子设备都可以采用蓝牙技术，实现无线连通，而不必拖一条尾巴（连接线）。

随着蓝牙技术的普及，家庭装修时不再为电器的布线而烦恼；使用家电时，不必为一大堆遥控器而头疼，一部手机或是一把汽车钥匙就能搞定一切；出门在外，公司的工作安排和家里亲人的画面可以随时随地获得；打卡、缴费不用排队，从缴费点附近经过，不必进门就可以轻松完成……蓝牙技术的广泛应用将使我们的生活无比轻松。

目前蓝牙技术在日常生活中应用最广的，就是在支持蓝牙的手机通话设备上，如蓝牙耳机能使驾驶更安全。

现代家庭与以往的家庭有许多不同之处。在现代技术的帮助下，越来越多的人开始了居家办公，生活更加随意而高效。他们还将技术融入居家办公以外的领域，将技术应用扩展到家庭生活的其它方面。

通过使用蓝牙技术产品，人们可以免除居家办公电缆缠绕的苦恼。鼠标、键盘、打印机、笔记本电脑、耳机和扬声器等均可以在 PC 环境中无线使用，这不但增加了办公区域的美感，还为室内装饰提供了更多创意和自由。

蓝牙设备不仅可以使居家办公更加轻松，还能使家庭娱乐更加便利：现在您不必撇开客人，单独离开去选择音乐。用户可以在 30 英尺以内无线控制存储在 PC 或 Apple iPod 上的音频文件。蓝牙技术还可以用在适配器中，允许人们从相机、手机、膝上型计算机发送照片以与朋友共享。

在市里，通过连接到 MP3 手机或 MP3 播放器的立体声耳机无线欣赏音乐。暂停音乐以接听来电，通话完毕后继续欣赏。

不管是在等待公共汽车还是乘坐火车，您都可以使用蓝牙技术打发时间。对于装有游戏的设备，可搜索启用类似装置的设备来进行多人游戏。使用在蓝牙电话上运行的软件应用程序，查找您身边有相同兴趣的其他人，看看那些经常与您擦身而过的"熟悉的陌生人"，通过蓝牙技术，向启用类似设置的手机发送消息，结交新朋友，借助蓝牙技术扩大您的社交网络。

越来越多的公司开始设计穿戴式附件来提供无线连接。零售店现有能够提供免提通话功能的启用蓝牙的衣服、背包和太阳镜出售。启用蓝牙的穿戴式电器已全面上市，帮助用户时尚地保持连接。

电子货币

近年来，随着互联网商业化的发展，电子商务化的网上金融服务已经开始在世界范围内开展。网上金融服务包括了人们的各种需要内容，网上消费、家庭银行、个人理财、网上投资交易、网上保险等。这些金融服务的特点是通过电子货币在互联网上进行及时地电子支付与结算，以至人们可随时随地完成购物消费活动。网上支付的安全电子交易需要安全认证、数据加密、交易确认等控制。

●什么是电子货币？

电子货币是以金融电子化网络为基础，以商用电子化机具和各类交易卡为媒介，以电子计算机技术和通信技术为手段，以电子数据（二进制数据）形式存储在银行的计算机系统中，并通过计算机网络系统以电子信息传递形式实现流通和支付功能的货币。这种货币没有物理形态，为持有者的金融信用。随着互联网的高速发展，这种支付办法越来越流行。

●电子货币的特点

以电子计算机技术为依托，进行储存、支付和流通；可广泛应用于生产、交换、分配和消费领域；融储蓄、信贷和非现金结算等多种功能为一体；电子货币具有使用简便、安全、迅速、可靠的特征；现阶段电子货币的使用通常以银行卡（磁卡、智能卡）为媒体。

目前，我国流行的电子货币主要有4种类型：

储值卡型电子货币。一般以磁卡或IC卡形式出现，其发行主体除了商业银行之外，还有电信部门（普通电话卡、IC电话卡）、IC企业（上网卡）、商业零售企业（各类消费卡）、政府机关（内部消费IC卡）和学校（校园IC卡）等。发行主体在预收客户资金后，发行等值储值卡，使储值卡成为独立于银行存款之外新的"存款账户"。

信用卡应用型电子货币。指商业银行、信用卡公司等发行主体发行的贷记卡或准贷记卡。可在发行主体规定的信用额度内贷款消费，之后于规定时间还款。信用卡的普及使用可扩大消费信贷，影响货币供给量。

存款利用型电子货币。主要有借记卡、电子支票等，用于对银行存款以电子化方式支取现金、转账结算、划拨资金。该类电子化支付方法的普及使用能减少消费者往返于银行的费用，致使现金需求余额减少，并可加快货币的流通速度。

现金模拟型电子货币。主要有两种：一种是基于互联网网络环境使用的且将代表货币价值的二进制数据保管在微机终端硬盘内的电子现金；一种是将货币价值保存在IC卡内并可脱离银行支付系统流通的电子钱包。该类电子货币具备现金的匿名性，可用于个人间支付、并可多次转手等特性，是以代替实体现金为目的而开发的。

●电子货币的优势

电子货币针对国家、银行、客户呈现的优势：

对于国家，电子货币最大限度的取代现金的发行，可以减免大量费用，同时通过电脑的集中管理便于实施宏观调控。

对于银行，电子货币的发行可以极大的增加信贷资金来源，便于更有效的实施客户帐户的管理监督。

对于客户，电子货币的使用免去了对现金的保管、携带之劳，而且方便快捷、安全高效。

电子词典

电子词典有哪些功能呢？

1.背单词、学句子、学语法、学考点：电子词典将各种版本教材分册分课编排，满足同步预习、阶梯性复习、考前突击的需要。让学生在背单词的同时理解句子，理解句子的同时记忆单词，掌握语法，环环相扣。重点考点突出、鲜明，引起学生重视。

2.查词典：有效收录几万甚至几十万条词汇，现在大多数电子词典都收录了多部（牛津、朗文、韦氏、新英汉等）正版词典中的词语汇总。囊括小学、初中、高中、大学、托福、雅思、GRE等所需词汇。某一单词相关内容（包括同义词、反义词、同根词、相关词组、例句、词性变化和易混词辨析等）都包含在内。有的电子辞典内置的辞典有学习词典，如英汉、雅思等。也有专业词典，如电子、医药、数学、物理公式和法律常识、元素周期等参考资料。

不同身份和职业的人可以通过电子词典满足不同需求。

3.学音标、练发音。现在电子词典的发音技术主要有两种：

一种是真人发音：真人发音指语音库为真人录制，再采用HI-FI语音解压缩技术处理的语音，音质效果清晰准确。

另一种是TTS发音技术：TTS（英文全称TexttoSpeech）发音是指利用CPU将任意组合的文本件转化为声音文件的语音，音质与发音准确性均较差。

4.听MP3：流行歌曲，娱乐学习同步。

5.电子书：海量浏览，百科知识囊括。

6.强大的网络下载功能，辞典功能自由升级。

7.贴身秘书：亲身享受电话簿、名片夹、行程安排、闹钟等多个功能项。

电子词典作为新兴的学习工具，逐步深入人们的学习生活，深刻地改变着人们的学习方式。人们只需在键盘上输入单词，检索内容便以光和电的速度呈现在屏幕上，查词效率成10倍、100倍地提高。很自然地，人们很快接受了这种新的查词典方式。电子科技的发展一日千里，今天不少电子词典已经把权威老式的词典一字不漏地收录，学术上早已具备老式词典的权威性。

电子鼻

电子鼻胜过人的嗅觉

人类鼻子的嗅觉，并不是像机器一样总是那样工作，有的时候鼻子的嗅觉神经会疲劳，这时它的工作效率就会大大降低，比如，当我们长时间闻到一股气味时，就对这种气味的感觉有些差了。还有的时候，因为我们感冒了，对气味的感觉就不那么灵敏了。

还有一些气味，我们的鼻子根本就闻不到，就是说我们鼻子辨别气味的功能也是有限的，不是什么气味都能感知。比如，一氧化碳气体的味道，我们就感觉不到，但是这种气体却对人类有害，而我们人类既看不见又闻不到，这种气体却悄悄地走近我们，使人受到它的伤害。

科学家们想出了用仿生学的道理研制一种电子鼻，让它为我们服务。

电子鼻使用一种特殊的材料，这种材料就是二氧化锡、氧化锌等半导体材料，这种材料接触不同的气味时会改变自身的导电能力。用它这种特性就能制造出电子气体传感器，最后制造出电子鼻。电子鼻用途广泛，而且，只要它工作，就不会像人的鼻子那样发生疲劳。最初的电子鼻比较笨重，使用起来不方便，以后人们又研制出小巧玲珑的电子鼻，这下它的用途更广了。

●电子鼻应用广泛

电子鼻的用途越来越广泛，煤矿中装上电子鼻，就可以嗅出矿井内的瓦斯含量，预报矿井中的瓦斯爆炸，这对矿井的安全十分有用；家里的煤气灶装上电子鼻，就会预报煤气管道是否有漏点，以避免煤气泄露。

有许多监测环境的仪器上也都装有电子鼻，它们可以连续监视空气中的烟尘和有害的气体，以及时地发出警报。粮食仓库、温室、养猪场等许多地方都有电子鼻的身影，它们可以监视那里微小的变化，可以及时地把有关数据显示出来，供人们采取措施调整那里的设施，以利于保护粮食、或利于作物的生长、或利于猪的生长。有的电子鼻的功能甚至超过了猎犬和警犬，在警界派上用场。交警还可以用电子鼻对司机进行酒精测试。

电子鼻很早以前就有应用了。在1993年，Pearce等人就首次把传感器应用在啤酒检测上，实验室制造的由12个有机导电聚合物传感器组成的系统检测了3种近似的商品酒，有2种是酿造后再贮存的啤酒，还有1种是淡色啤酒，结果表明：这3种啤酒很容易被鉴别，而且还很快鉴别出一种人为感染的啤酒和未被感染的酒。

英国柴郡克鲁城镇的欧斯米泰克公司成功地开发出了电子鼻，试验表明，它能"嗅"出侵蚀病人皮肤伤口的细菌，提醒医生及时采取相应措施。

糖尿病使病人的气息发出甜味，而发出腐败气味的伤口则意味着感染——古代的行医人员没有现代高度发达的技术，他们通常靠嗅觉诊断疾病。现在，科技正在使这项古老的手法变成现实。工程师正在仿照人类的鼻子来开发电子鼻，为不断寻求微创技术的医生开拓出一个崭新的领域——利用鼻子了解人体状况。

美国航天局用来监测国际空间站和航天飞机内某种气体成分的电子鼻，还可以用来检测大脑癌细胞。这种名为"Enose"的电子鼻是由美国航天局喷气推进实验室研发的，设计目的是用它探测航天飞机和国际空间站出现的微量的氨渗漏问题。一个由神经外科、癌症以及航天领域专家组成的研究小组，在利用这种电子鼻研究大脑癌细胞转移时发现，电子鼻能够区分健康细胞和癌细胞的不同"味道"，从而使医务人员能准确判定癌细胞群的具体位置，避免其与周围健康细胞发生混淆。

人民币上的水印

水印是国家银行为了防止不法分子伪造纸币，在印刷钞票前印制在纸上的标记。这种方法已发展成为"数字水印技术"。"数字水印技术"是国际上最新的一门信息隐藏技术，涉及信息学、密码学、数学、计算机科学、模式识别等多种学科的研究领域，并具有巨大而广阔的应用前景。

纸币水印是造纸时通过人为改变纤维密度的方法，在纸张中形成可以透光观察的各种花纹图案。印制水印的方法最早出现于13世纪，是由意大利的一些造纸工匠们创制的。他们把各种图案花纹刻在盛有纸浆的抄纸帘上，由于花纹凸出和低凹的纹路不同，制出来的纸张上就会明显地呈现出原来设计的图案，花纹低凹的地方就厚一些，花纹凸出的地方就薄一些。这样制成的纸张上面就带有水印。

水印系在两层纸之间粘上糊状物，用模具压印水印头像后粘贴而成。水印部分纸质较厚。

我国在1960年制造出第一张国产水印纸。1963年，经过工艺师、美术家、雕刻家和工人们的通力合作，制造出我国第一种有水印的钞票纸。

目前，人民币水印大体有两种情况，即固定水印和满版水印。1953年版的10元券有国徽图像水印，1965年版的10元券有天安门图形水印，1980年版的10元券有农民头像水印、50元券有工人头像水印、100元券有毛泽东侧面塑雕头像水印，1999年版100元券、50元券、20元券、5元券等有毛泽东正面头像和各式花卉或面额数字水印，这些均为固定水印。1980年版的1元券、2元券、5元券均有古钱币形状的满版水印。有资料表明，我国第一套人民币少数票券有五角星和英文字母水印。第二套人民币有空心五角星水印和实心五角星水印，均为满版水印。10元券有中华人民共和国国徽固定水印。

目前，世界各国国家银行发行的纸币，尤其是大面额纸币上，都印有各自设计的水印图案。根据纸币上的水印，可以判断纸张的年龄和钞票的真假。一般来说，水印图案清晰、富有立体感的是真币，而水印图案模糊的肯定是假币。

除了纸币上有水印外，一些重要的国际文件、帐册、发票、护照等也都印有水印，它是识别真假的重要标记之一。

电子标签

当今，在超市、菜场、医院、邮局等地方电子标签随处可见，电子标签在百姓生活和城市管理方面发挥着越来越大的作用。

电子标签改变超市购物结算模式

在传统超市里收银员要通过扫描条形码或手工输入方式进行结账，有时，由于购物人多，收银台前往往会排起长龙。这在争分夺秒的现代生活中是件令人头痛的事。如果超市中的每件商品都贴上电子标签，天花板上的感应装置能随时记录你的购物情况。等到你选购齐了所需的商品，只管大步走过收银台。"滴答"1秒钟，阅读器就会把购物车内所有商品的价格、成分、出厂日期等一系列信息读取出来，计算机会自动结算并从你的银行卡上自动扣款。这既方便了顾客，又减少了超市结算人员，真是把购物烦恼变成了惬意的事情。

另外，超市的商品贴上了电子标签，可以完全杜绝商品的丢失现象。天花板上的感应装置可以记录每件商品的去向，当偷盗者拿走商品到出口处时，出口结算处会自动打出账单，你要不付费，门卫是不会让你拿走商品的。

这种超市才是真正的没有售货员的超市，顾客随便出入的超市，这就是无线射频识别(RFID)技术给我们生活带来的方便与快捷。

●电子标签替你把好食品安全关

由于食品变质、污染会给人带来食品中毒事件，人们担心食品的质量，电子标签的应用能有效地对动物食品的生产、加工等环节实施全过程、全方位的监督管理与控制，保证人们买得放心。

在上海，部分生猪已经带上了电子标签的"耳环"。上面记载了从饲养、屠宰、检疫、销售整个过程的数据。利用电子标签，市民可以查询到所购买猪肉的完整信息，清楚地知道每一块猪肉是在哪个养猪场"诞生"的，检验员是谁，在哪里屠宰，又在哪个渠道进入上海……一旦发生问题，电子标签将直接锁定病猪源头，直接为食品安全进行把关。

在北京奥运期间，为保证奥运食品的安全性，不仅畜禽产品要贴上电子标签，水产品、水果、蔬菜也贴上了电子标签。

运动员刷卡就餐时，能通过他的胸卡识读设备，就可以读取出他吃了哪些食品，食品来自哪里，所选菜谱、食品原料，该食品的配送中心、生产加工企业乃至最终的源头，农田种植与养殖等众多信息。届时，从餐桌到农田，哪个环节出了问题都能迅速查到。

●电子标签使驾车更轻松

20世纪，汽车产品进入了人类的世界。公路四通八达，汽车进入千家万户。从此，汽车的防盗、公路的收费、交通的管理都成为使人头痛的事。

汽车的射频防盗锁为人们解决了汽车防盗这个难题。以往的汽车防盗锁，使用很不方便，每次开车时，得翻遍全身每一个口袋寻找车钥匙；特别是当两手拿满东西的时候，要在包包之中翻出钥匙，更是让人讨厌的经历。

电子标签带来了人车之间完全不同的使用方式，让身处于21世纪的我们，可以用完全不同的方式，享受科技带来的便利。车主仅需要将卡片型的电子标签放在身上，在靠近汽车时，车辆便会感应到车主的到来，允许车主进行门锁开启等动作。而当车主坐到驾驶座后，透过系统感应，使得车主仅需要轻轻扭转点火开关，便能进行点火及驾驶的动作，完全不需要将钥匙取出，自然也不需要经历那些恼人而繁琐的动作了。

当你驾车行驶在公路上时，不必停车交费，而收费站的射频读取器，和你车上的电子标签"对话"，就此完成了你的交费过程，一点也不耽误你的行程。

哈勃太空望远镜

● 第一座太空望远镜

哈勃太空望远镜（Hubble Space Telescope，HST），是由美国国家航空航天局和欧洲航天局合作，以美国天文学家爱德文·哈勃的名字命名的。哈勃望远镜总长12.8米，镜筒直径4.28米，主镜直径2.4米，连外壳孔径则为3米，全重11.5吨。1990年由美宇航局航天飞机送入太空后，一直在绕距地球400英里远的轨道上运行，它大约每100分钟环绕地球一周。

● 历史回放

1946年，天体物理学家莱曼·史匹哲博士（1914–1997）提出，应该制造能置于太空中的可以观测到更远的物体，而且显示的图像更清晰的望远镜。当时，火箭尚未成功送入太空，所以这一想法在那个时代无疑是荒谬绝伦、异想天开。直到20世纪60~70年代，美国的太空计划逐步发展、完善，跻身领先地位。史匹哲又开始游说美国国家航空航天局（NASA）和国会研制"太空望远镜"。1975年，欧洲航天局（ESA）和NASA开始进行研制。1977年，美国国会同意拨款。NASA任命洛克希德马丁航空公司为总承包人，负责项目监管。1983年，这台"太空望远镜"以美国天文学家爱德文·哈勃（Edwin Hubble）的名字命名。哈勃太空望远镜的研制历时8年，内置5种科学仪器、40多万个部件以及4.18万千米长的电线。据报道，哈勃太空望远镜的灵敏度是地基望远镜的50倍以上，分辨率则是它的10倍。由于发生了挑战者号空难，哈勃太空望远镜的发射被延误了很久，于1990年才最终进入轨道。

与其他望远镜一样，哈勃太空望远镜有一个一端开口的长筒，内设的镜子可以采集光线，并将其传送到"眼睛"聚集的焦点。哈勃望远镜有几种类型的"眼睛"，也就是各种仪器。正如某些动物可以看到不同类型的光（如昆虫可以看到紫外光，而人类能看到可见光），哈勃望远镜必须能够观测到从天空洒下的各种光线。正是这些各式各样的科学仪器造就了哈勃太空望远镜这一神奇的天文工具。然而，哈勃太空望远镜不仅是一台配备了科学仪器的望远镜，同时也是一架航天器。因此，它还需要动力以便在轨道中运行。

在美国，当与哈勃望远镜告别的2013年，美国宇航局将发射哈勃的接班人"詹姆士·维伯太空望远镜"。"赛哈勃太空望远镜"隶属于俄罗斯2006年到2012年的联邦太空计划。在这一计划下，俄罗斯还打算运作另外两个大型太空项目——发射可用于其他光谱下的望远镜，也就是指"光谱-射电天文"(Spectrum-Radioastron)和"光谱-X射线-伽马"(Spectrum-X-Ray-Gamma)。

扫描仪

  扫描仪是光机电一体化的电脑外设产品，是继鼠标和键盘之后的第三大计算机输入设备，它可将影像转换为计算机可以显示、编辑、储存和输出的数字格式，是功能很强的一种输入设备。

  扫描仪的原理是通过传动装置驱动扫描组件，将各类文档、相片、幻灯片、底片等稿件经过一系列的光、电转换，最终形成计算机能识别的数字信号，再由控制扫描仪操作的扫描软件读出这些数据，并重新组成数字化的图像文件，供计算机存储、显示、修改、完善，以满足人们各种形式的需要。

  扫描仪作为计算机的重要外部设备，已被广泛应用于报纸、书刊、出版印刷、广告设计、工程技术、金融业务等领域之中。它以独到的功能，不仅能迅速实现大量的文字录入、计算机辅助设计、文档制作、图文数据库管理，能逼真、实时地录入各种图像，特别是在网络和多媒体技术迅速发展的今天，扫描仪更能有效地应用于传真（配 Fax/Modem 卡）、复印（配打印机）、电子邮件等工作。依靠其他软件的支持，扫描仪还能够用于制作电子相册、请柬、挂历等许多个性鲜明和充满乐趣的作品。通过扫描仪，计算机实现了"定量"分析与处理"五彩缤纷"世界的愿望，所以有人将扫描仪誉为计算机的"眼睛"也就是顺理成章的事了。

  扫描仪的性能指标主要有分辨率、灰度级和色彩数，另外，还有扫描速度、扫描幅面等等。

  扫描仪的外形差别很大，但可以分为四大类：笔式、手持式、平台式、滚筒式，它们的尺寸、精度、价格各不同，用在不同场合的精度也就是分辨率也有所不同，可以从每英寸几百点到几千点。笔式和手持式精度不太高，但携带方便，一般用于个人台式机和笔记本电脑。平板扫描仪精度居于中间，具有用途广、功能强、价格适中的特点，已广泛应用于图形图像处理、电子出版、广告制作、办公自动化等许多领域。最为高档的要算是滚筒式扫描仪了，它用于专业印刷领域。

从处理信息后输出的颜色上分，扫描仪又可以分为黑白（灰阶）和彩色两种。彩色扫描仪输入和输出的信息量更多，价格也在不断降低，现在越来越普及了。

激　光

激光的原理早在1916年已被著名的物理学家爱因斯坦发现，但是直到1958年激光才被首次成功制造。

●最亮的光

激光是迄今为止人类所见到的，包括自然界中的光源所发射的光中最亮的光。它的亮度为太阳光的50亿倍。普通的光源是向四面八方发光的，激光则朝一个方向射出，光束的发散度极小，几乎接近平行。把激光从地球射到距我们38万千米的月球上，也只是一个直径为几千米的光斑。而且由于激光的亮度很高，在地球上可以接收到从月球上反射回来的激光，用它测量地球和月球之间的距离，误差仅为几厘米。激光的能量并不算很大，但是由于它的作用范围很小，使得它的能量密度很大，短时间里可以聚集起大量的能量。

●激光的应用

激光对自然科学领域的渗透和影响，促进了各个学科的发展，并促成许多新学科的形成。

激光的特性和电子学、电脑以及和新的光学材料结合起来为激光在高科技许多方面的应用开辟了广阔的前景。激光技术已成为高技术的主要构成部分之一。

利用激光能量在时间和空间上的高度集中可以对各种材料进行打孔、焊接、切割等。

在信息工程中，激光广泛应用于激光通信、激光信息储存、激光打印、激光复印、激光印刷、激光电视、激光大屏幕立体显示、证券核实与识别、指纹检验与核实、激光图像处理等方面。激光光盘可以用作电脑的大容量存储系统。由于光盘存储器比较便宜、耐用、信息量大，因而在电脑应用上已经普及。激光通信的信道容量大、传送路数多，它至少可以容纳几十亿个通信线路或者同时播送近一千万套电视节目，这是过去任何一种通信工具都不能达到的。未来光通信将是现代化城市内和城市间通信的主要手段。

在医学领域利用激光可以治疗近视眼、白内障等多种眼科疾病。激光治疗时间短、照射量小，因此病人无痛感也无须麻醉，而且安全可靠，痊愈期短。用激光治疗或与其他传统疗法配合使用，已能治疗或控制许多肿瘤和病症。在皮肤科，激光被用来治疗色素病、湿疹、皮炎等。在五官科，激光可用来切割扁桃体、耳鼻咽喉部血管瘤；用激光可以烧灼凝固治疗慢性鼻炎、鼻出血。激光还被用来辐射治疗急性扁桃体炎和进行消肿，促进组织再生，加速创伤愈合等。在牙科方面激光可以用来对牙齿施行钻孔与切割，缩短治疗时间并减轻病人痛苦。

外科中用激光刀进行手术，操作方便，切口速度快，可烧灼伤口，从而阻止血液流失，对小血管有凝固封闭作用。所以在血管丰富的部位施行手术时，激光手术刀就显现出它的优越性。使用激光手术刀还有杀菌作用，能防止感染和阻止恶性细胞转移。

激光器出现后，光武器的设想才有了实现的可能。激光可作为反导弹武器，就是在侦察到敌人发射导弹后用激光截击，使导弹在途中即被破坏，免除其威胁。激光又可用来做近程战术武器，打击目标包括几千米到几十千米内的坦克、飞机和近程导弹等，形式可以是空对空、空对地、地对地、地对空、舰对空等，在其有效射程内准确性高、破坏力大。

激光还有许多方面的应用。在农业上，用激光按一定剂量、一定时间照射在作物种子的特定部位上，可以实现激光育种。激光育种安全、简便，照射后，可加速种子的发芽，提高发芽率，促使成熟加快，提高产量。在生物学研究中，用激光刀切割细胞已成为现实。在环境保护中，激光已成为监控大气污染的有效工具。激光技术给人们带来了巨大的效益，它将是各国在新技术革命中竞相发展的一个重要领域。

光导纤维

●光导纤维的工作原理

光能够在玻璃纤维或塑料纤维中传递是利用光在折射率不同的两种物质的交界面处产生"全反射"作用的原理。为了防止光线在传导过程中"泄露"，必须给玻璃细丝穿上"外套"，所以无论是玻璃光纤还是塑料光纤均主要由芯线和包层两部分组成。光纤的结构呈圆柱形，中间是直径为8微米或50微米的纤芯，具有高折射率，外面裹上低折射率的包层，最外面是塑料护套，整个外部直径为125微米。特殊的制造工艺，特殊的材料，使光纤既纤细似发，柔顺如丝，又具高抗强度，大抗压力。

由于包层的折射率比芯线折射率小，这样进入芯线的光线在芯线与包层的界面上做多次全反射而曲折前进，不会透过界面，仿佛光线被包层紧紧地封闭在芯线内，使光线只能沿着芯线传送，就好像自来水只能在水管里流动一样。

光也有波的特性，因此可以等同于声波、电磁波一样传递信号。用特殊的接受仪器，加上纤维导管的传递作用，就完成了光导纤维的整个工作。

●光导纤维的应用

光实际上是一种频率极高的电磁波，因此可以像其他电磁波一样对它进行调制和传输。由于它的频率极高，因此几乎可以无限量地调制到一根光导纤维的频带宽度之内。与激光通讯技术结合起来的光纤通信容量比普通电缆通信大10亿倍。一根光导纤维比头发丝还细，却可传输几万路电话或几千路电视信号。

光纤通信还特别适合于对电视、图像和数字信号的传送。它将深入影响人类社会生活，引起信息传输和通信功能的革命，因此有人把光导纤维称作信息传输的动脉。由于光纤通信保密性能特别好，所以常被用在航空、军事等方面，并显示出优良的功能和巨大的作用。

利用光导纤维制成的内窥镜，可以帮助医生检查胃、食道、十二指肠等部位的疾病。光导纤维胃镜是由上千根玻璃纤维组成的软管，它有输送光线、传导图像的本领，又有柔软、灵活，可以任意弯曲等优点，可以通过食道插入胃里。光导纤维把胃里的图像传出来，医生就可以窥见胃里的情形，然后根据情况进行诊断和治疗。在照明和光能传送方面，光导纤维也大有可为。人们可利用塑料光纤光缆传输太阳光作为水下、地下照明。由于光导纤维柔软易弯曲、变形，可做成任何形状，以及耗电少、光质稳定、光泽柔和、色彩广泛，是未来的最佳灯具。如与太阳能的利用结合将成为最经济实用的光源。此外，光导纤维还可用于火车站、机场、广场、证券交易场所等大型显示屏幕；短距离通讯和数据传输；道路、广场等公共设施及商店橱窗广告的照明。

在国防军事上，光导纤维也有广泛的应用空间。人们可以用光导纤维来制成纤维光学潜望镜，装备在潜艇、坦克和飞机上，用于侦察复杂地形或深层屏蔽的敌情。

纳米技术

纳米是一种度量单位，一纳米等于十亿分之一米，将一纳米的物体放到乒乓球上，就像一个乒乓球放在地球上一般。纳米科技就是一门以0.1至100纳米这样的尺度为研究对象的前沿科学。

能想象像"银河"那样的巨型计算机小到可以被随手放进口袋，而国家图书馆的全部信息，都可以压缩到一块糖大小的设备中，易碎的陶瓷变得富有韧性，微米以下大小的机器人可以啃噬任何难以分解的垃圾……这一切都有可能通过纳米技术来实现。

●纳米材料的广泛应用

经过科学界的努力，使"纳米"不再是冷冰冰的科学词语，它走出实验室，渗透到百姓的衣、食、住、行中。纳米技术几乎覆盖了所有人类日常生活应用领域。从建筑材料、衣服领带的新面料，到微电子元件、光电设备元件，再到废弃物分解，纳米的应用可能无所不包。

居室环境日益讲究环保。传统的涂料耐洗刷性差，时间不长，墙壁就会变得斑驳。现在有了加入纳米技术的新型油漆，不但耐洗刷性提高了十多倍，机挥发物极低，无毒无害无异味，还有效解决了建筑物密封性增强所带来的有害气体不能尽快排出的问题。

人体长期受电磁波、紫外线照射，会导致各种发病率增多或影响正常生育。现在，加入纳米技术的高效防辐射服装———高科技电脑工作装和孕妇装问世了。科技人员将纳米大小的抗辐射物质掺入到纤维中，制成了可阻隔95%以上紫外线或电磁波辐射的"纳米服装"，而且不挥发、不溶水，持久保持防辐射能力。

同样，化纤布料制成的衣服因摩擦容易产生静电，在生产时加入少量的金属纳米微粒，就可以摆脱恼人的静电现象。

白色污染也遭遇到"纳米"的有力挑战。科学家将可降解的淀粉和不可降解的塑料通过特殊研制的设备粉碎至"纳米级"后，进行物理结合。用这种新型原料，可生产出100%降解的农用地膜、一次性餐具、各种包装袋等类似产品。农用地膜经4至5年的大田实验表明：70到90天内，淀粉完全降解为水和二氧化碳，塑料则变成对土壤和空气无害的细小颗粒，并在17个月内同样完全降解为水和二氧化碳。这是彻底解决白色污染的实质性突破。

汽车的汽油燃烧装置，它是应用纳米技术将汽油分子分割成纳米为单位的质子，保证充分燃烧，这样应用的后果是，气体燃烧完全有助于动力提升，节约能源等等。

现在流行纳米洗涤，譬如说用纳米分子制造的肥皂可以充分溶解于液体，有助于衣服污渍的分解，彻底洗净衣物！

现在医学上纳米手术已经达到比较成熟的状态，科学家运用纳米为单位的手术刀，可以进行最小的最精确的手术伤口的切割，保证血液的最少流动！

还有过滤纯净水的过滤装置，炒菜用的不粘锅，纳米技术摄像头.，纳米概念手机，直径仅是发丝二万分之一的纳米电池等等。

碳纳米管有着不可思议的强度与韧性，重量却极轻，导电性极强，兼有金属和半导体的性能。如果用碳纳米管做绳索，是唯一可以从月球挂到地球表面，而不会被自身重量所拉断的绳索。

新材料

●新材料家族不断扩大

自20世纪以后，数学、化学、物理等基础学科迅速发展，人们在使用材料和寻找新材料的过程中，也在不断地积累经验，所以，人类不断地发现和制造出了许多新的材料，并且，许多新材料代替了传统的材料。例如，我们生活中最常见的塑料代替木材、钢材，合成纤维代替棉花等。

新材料的纷纷问世，也使人们对材料的认识不断加深，人们已不再是停留在经验和技术的积累及表面观察上，不局限只认识材料的强度、密度、韧性、耐用性、透光性、耐高温、耐腐蚀、导电、导热等的宏观性质层面上，而是对材料的研究已跨入了分子、原子的微观世界。

于是，人们利用石油、天然气、木材或从植物中提取的淀粉、蛋白质、纤维素等，经过一系列化学反应后人工合成的塑料、合成纤维、合成橡胶等高分子材料，开始走进人们的生活，并且成为我们日常生活中最常见的材料。

随着科学技术的不断发展，一些令人惊叹的、具有特殊功能的材料，也先后研制成功，并在许多传统领域和新兴的领域得到广泛的应用。例如：制造人造卫星天线用的形状记忆合金、制造船舶用的玻璃钢、纺织制作海上救生服用布料的镀金属纤维、电饭煲中"饭熟断电限温器"内装有的感温磁钢等。

●身手不凡的"智能"材料

智能材料是指能模仿生命系统同时具有感知和驱动双重功能的材

料。它既能像人的五官那样，感知客观世界，又能能动地对外做功、发射声波、辐射电磁波和热能，甚至促进化学反应和改变颜色等类似有生命物质的智慧反应。当然这类材料的智慧功能的获得是材料与电子、光电子技术结合的结果。

日本富士公司的科研人员研究出一种可以根据气温变化调节透明度的玻璃,这种玻璃用在建筑物上，在室内温度超过30℃时，可把80%的光遮蔽掉；当气温下降时透明度可增大，可通过80%的光，用这种玻璃能大大提高空调机的工作效率，节约电能。

澳大利亚智能聚合物研究所目前正在研究开发一种新型塑料。这种塑料可以导电，可以反映周围环境变化的情况，并发生相应的改变。基于这些智能材料的特殊性能，这方面的研究被引入到一系列具有创新性的应用领域之中，其中包括化学和生物化学检测、人工肌肉、手性药物的分离、受控药物释放系统等。

英国纽卡斯尔大学的科学家，研制了一种含有PZT的细微压电材料晶体的涂料，用这种涂料涂刷钢结构的构件，涂料中的晶体会因钢结构构件的疲劳程度，发出不同的电信号。维护人员可用仪器测试涂在钢结构上的涂料，监测金属材料建造的建筑物安全。

还有一种可以自动修补的人工聚合材料，这种聚合材料中含有一种特殊树脂的超微胶囊和化学触媒微晶，一旦聚合材料发生裂缝或孔洞，触媒就会激活胶囊中的特殊树脂，树脂变成粘稠状流入缝隙中并凝固，修补了裂缝。

还有一些"智能"材料，在自动控制方面大显身手，例如，自动灭火喷水控制、淋浴水温控制等。

有记忆的金属

●形状记忆合金的奇妙特性

形状记忆合金的记忆功能，就是说它能"记住"自己的形状。当它受到外力而变形后，只要给予相应温度，就能"故态萌发"。例如：一根螺旋状高温合金，经过高温退火后，它的形状处于螺旋状态。在室温下，即使用很大力气把它强行拉直，但只要把它加热到一定的"变态温度"时，这根合金仿佛记起了什么似的，立即恢复到它原来的螺旋形态，就好像它记住了原来的形状，所以人们管它叫形状记忆合金。

形状记忆合金可以分为单程记忆效应、双程记忆效应、全程记忆效应三种。

●形状记忆合金大显身手

形状记忆合金一面世，就为航空工业立了一功。美国F－14型飞机的液压系统中，平均每架要用800个形状记忆合金接头。自1970年以来，美国海军飞机上使用了几十万个这样的管接头，没出现过一次失效的记录。

如今，形状记忆合金的应用研究取得了长足进步，其应用范围涉及机械、电子、化工、宇航、能源和医疗等许多领域。

例如：全息机器人、毫米级超微型机械手、管接头、天线、套环、接线柱等都可用记忆合金材料制作。

记忆合金材料可用于制造人造卫星天线。人造卫星上的天线比较庞大，那么大的天线不便于用火箭发射升空，科学家们便利用记忆合金制造人造卫星天线。技术人员把卫星天线冷却到一定温度，然后折叠成一个小球用飞船带到太空，由于太阳的照射，天线的温度升高，于是天线就会恢复原来的形状。形状记忆合金的机器人的动作除温度外不受任何环境条件的影响，可望在反应堆、加速器、太空实验室等高技术领域大显身手。最初，前苏联的宇宙飞船上的传感器重达140千克，而不久前美国用记忆合金纸做的传感器只有0.5千克，仅为前苏联的3%。

用记忆合金也可以代替炸药开山修路，日本用镍钛合金装入凿开的山洞中，然后往合金的孔里加热，使合金棒膨胀，就完成了爆破工程，这种方法既环保又省力。

在水壶上装有记忆弹簧，在水开时记忆弹簧可以自动关电。

记忆合金还可以应用在集成电路的焊接、管道中的自动关闭、机器人的柔软四肢、冷热器的自动关闭窗等。

记忆合金在临床医疗领域内有着广泛的应用，例如人造骨骼、伤骨固定加压器、牙科正畸器、各类腔内支架、栓塞器、心脏修补器、血栓过滤器、避孕器、心脏修补元件、人造肾脏用微型泵、脑动脉瘤夹、接骨板、髓内针、止鼾器、介入导丝和手术缝合线等等，记忆合金在现代医疗中正扮演着不可替代的角色。

记忆合金目前已发展到几十种，在航空、军事、工业、农业、医疗等领域有着广泛的用途，而且发展趋势十分可观，它将大展宏图，造福于人类。

新型陶瓷

●韧性陶瓷

经过特殊工艺处理制成的韧性陶瓷，除了可以去掉普通陶瓷的脆性之外，还具有强度大、硬度高、不怕化学腐蚀等优点。因此，应用范围更加广泛。韧性陶瓷可以用来制作切菜刀、剪刀、螺丝刀、榔头、锯、斧头等日用工具，坚硬程度不亚于钢铁制品，而且不会带铁锈味和磁性，更适宜切生吃食物和熟食。

采用韧性陶瓷制造的发动机体积小、重量轻、热效率高，用同样的燃料可以使汽车多跑30%的路程，是一种有效的节能型发动机。

●压电陶瓷

压电陶瓷是一种具有能量转换功能的陶瓷，在机械力的作用下发生形变时，会引起表面带电。带电强度的大小，可以和施加电场的强度成正比，也可以成反比。因此，能够在各个领域中得到广泛应用。

生物医学工程是压电陶瓷应用的重要领域。可以用它来制作探测人体信息的压电传感器和进行压电超声治疗。当压电陶瓷发出的超声波在人体内传输时，体内的不同组织对超声波有不同的发射和透射作用。反射回来的超声波经压电陶瓷接收器转换成电信号并显示在屏幕上，据此就可以检查内脏组织的情况，判断是否发生病变。进入人体的超声波达到一定强度时，能使组织发热并轻微震动，这种作用可以对一些疾病起到治疗作用。

由于压电陶瓷的敏感性很强，能精确地测量出微弱的压力变化，人们用它来制造地震测量装置是最好不过的了。地震波经过压电陶瓷的作用，可以感应出一定强度的电信号，并在屏幕上显示或以其他形式表现出来。同时，压电陶瓷还能够测定声波的传播方向。所以，用来测定和报告地震十分精确。

在现代军事作战中，压电陶瓷也可以发挥巨大的威力。在反坦克导弹上装上压电陶瓷元件会缩短引爆时间，增加引爆的精确性。当炮弹击中坦克时，陶瓷因受到压力而产生高电压，从而引燃炸药。压电陶瓷在非常强的机械冲击波的作用下，还可以将储存的能量在几十万分之一秒的瞬间里释放出来，产生的瞬间电流达10万安培以上的高压脉冲，用来进行原子武器的引爆十分理想。

● 低温陶瓷

低温陶瓷是一种在液氮沸腾状态下制成的陶瓷制品，有着广泛的应用领域。低温陶瓷可以用于电脑，使运算速度大幅度提高。用于电视机可令图像更清晰。如果制作成录像机磁头，其寿命为普通磁头的5倍，所录制影片的清晰度也很高。此外，在金属加工中，低温陶瓷还可以替代金刚石刀具来用于金属切削。用低温陶瓷制成的新型蓄电池，储电量可以比一般蓄电池高出许多倍。

● 多孔陶瓷

多孔陶瓷，又称为微孔陶瓷、泡沫陶瓷等，具有均匀分布的微孔，体积密度小，有着三维立体网络骨架结构且互相贯通的特点。多孔陶瓷在气体、液体过滤、净化分离、化工催化载体、高级保温材料、生物植入材料、吸声减震和传感器材料等许多方面都有广泛的应用。

新型建筑材料

新型建筑材料具有轻质、高强度、保温、节能、节土、装饰等优良特性。采用新型建材不但使房屋功能大大改善，还可以使建筑物内外更具现代气息，满足人们的审美要求。有的新型建材可以显著减轻建筑物自重，为推广轻型建筑结构创造了条件，推动了建筑施工技术现代化，大大加快了建房速度。

● 保温隔热的墙体材料

建筑节能是节能工作的重要组成部分，建筑节能与新型墙体材料有十分密切的关系。建筑耗能是能源消耗的大户，我国人口众多，并处于经济和建筑业快速发展期，无论既有建筑面积和新建建筑面积都位于世界之首。这些建筑通过采暖、空调、照明、通风、热水供应等，每天消耗大量能源，每年建筑用能约占全国总能耗的27%~28%。一些发达国家早在1973年世界性石油危机时就认识到建筑节能的重要性，30年来，他们采取各种措施，把新建建筑单位能耗降到了原能耗的1/3~1/5，并对原有建筑进行大规模有效地节能改造。

新型墙体材料是指具有轻质、高强、隔音、隔热、保温等功能的墙体材料。

节能建筑的前提是墙体、门窗与屋面采用节能材料，外墙墙体采用新型墙体材料，主要是加气混凝土砌块、轻集料砌块、粉煤灰空心砌块和各种新型保温节能墙板，如钢丝网架聚苯乙烯夹心板、GRC板等。单砌筑的墙体结构导热系统将不能满足要求，为此采用外墙内保温、夹心保温和外墙保温等复合节能墙体。这类墙体主要是以砌块或现浇混凝土墙板为承重材料与高效保温的聚苯板、玻璃棉板或岩棉板组成复合墙体，另外采用节能门窗和屋面保温处理等。采用粉煤灰砌块墙体利用外墙外保温、节能门窗、屋面保温处理后，与粘土砖楼相比冬季保温夏季隔热效果分别提高42.75%和133.72%，节能效果明显。

●新型防水材料

在建筑中，建筑物的屋顶、卫生间、厨房等处都需要建筑防水材料，一种新型的防水材料替代了原有的瓦片或薄铁皮。这种新型的材料来自交联纯丙乳液，防水纳米复合硅丙胶，以纳米材料为基础原料，配一定量的改性剂、活性剂、抗老化剂、助剂及颜填料科学加工而成。

这种材料涂在水泥楼顶或墙面，纳米复合硅丙胶会渗透于水泥等基材内部形成钢性防水层。而高弹丙烯酸胶与纳米防水材料，会在水泥等基材上面形成柔性防水层，从而达到刚柔双效防水的目的。使防水效果提高2倍，最低使用寿命在30年以上。

这种材料可在旧的SBS卷材、PVC、聚氨酯涂料、沥青、JS涂料等多种防水材料上直接施工，无需清除原有陈旧防水，可以节省很多工时。

新型电池

研制新型电池都遵循这样一个方向，即自重小、体积小、容量大、温度适应范围宽、使用安全、储存期长、维护方便。应用于空间技术方面的电池还特别注意性能可靠、密封性好，能经受得住各种严酷的空间环境和发射环境的考验。

●锌银电池

锌银电池通称为银锌电池，采用氢氧化钾或氢氧化钠为电解液，由银做正极材料，锌做负极材料。由银制成的正极上的活性物质是多孔性银，由锌制成的负极上的活性物质主要是氧化锌。灌入电解液，经充电后，正极的银变成二价的氧化银，负极的氧化锌变成锌。锌银电池一般装在塑料壳内或装在铝合金、不锈钢的外壳内。

锌银电池主要优点是比能量高，它的能量与质量比（单位质量产生的有效电能量）达$100W \cdot h/kg \sim 130W \cdot h/kg$（是铅蓄电池的3~4倍）。适宜于大电流放电的锌银电池应用于军事、航空、移动的通信设备、电子仪器、人造卫星和宇宙航行等方面。制成钮扣式微型的锌银电池应用于电子手表、助听器、计算机和心脏起搏器等。

●锂电池

锂在自然界是最轻的金属元素。以锂为负极，与适当的正极匹配，可以得到高达$380W \cdot h/kg \sim 450W \cdot h/kg$的能量质量比。

以锂作为负极的电池都叫锂电池。作为一次电池目前试用的，一种是以高氯酸锂为电解质，由聚氟化碳作正极材料的锂电池，另一种是以溴化锂为电解质由二氧化硫为正极材料的锂电池。

锂电池的主要优点是在较小的体积或自重下，能放出较大的电能(比能量比锌银电池大得多)，放电时电压十分平稳，储存寿命长，能在很宽广温度范围内有效工作。应用和锌银电池相同。从发展趋势看，锂电池的竞争能力将超过锌银电池。

●太阳电池

目前常用的太阳电池是由硅制成的。一般是在电子型单晶硅的小片上用扩散法渗进一薄层硼，以得到PN结，然后再加上电极。当日光直射到渗了硼的薄层面上时，两极间就产生电动势。这种电池可用作人造卫星上仪器的电源。除硅外，砷化镓也是制作太阳电池的好材料。

●原子电池

原子电池即核电池，它是将原子核放射能直接转变为电能的装置。常用作原子电池中的放射性物质有钚238、钷147、锶90等。这种电池的突出特点是：寿命长、重量轻、不受外界环境影响、运行可靠。主要用于人造卫星、宇宙飞船、海上的航标与游动气象浮标，以及无人灯塔之中。现在也把原子电池作为人工心脏起搏器的电源，在医疗方面得到了应用。

这种电池密封在长84cm、直径69cm、铅外壁厚10cm的圆柱体中。它的核心部分是锶90。当锶衰变时，它产生相当于300W的热能，然后通过热电发生器将热能转化为电能。最后输出的电功率是20W，电压

28V。据称这种原子电池不需维护，至少可用5年，估计可用10年。

●燃料电池

它是一种新型绿色电池，把H2CO和CH4等燃料和空气不断输入直接氧化使化学能转变为电能，这三种气体可以作为燃料的原因是：

A.都是无毒无害的气体；

B.都可以燃烧并放出大量的热；

C.燃料产物均为CO2和水；

D.均在自然界中大量存在。

神奇的蛛丝

蛛丝是蜘蛛赖以为生的"法宝"，蜘蛛借助蛛丝捕捉猎物、储存食物和繁殖后代。蛛丝由蜘蛛腹部的丝腺分泌并形成。丝腺分泌一种胶状丝浆，而丝浆则在喷丝口与蛋白融合反应形成蛛丝。研究表明，蜘蛛可以针对不同用途发出不同生物指令，从而合成产生不同种类的蛛丝。牵引丝是蜘蛛用于搭建蛛网的丝，在各种蛛丝中最为坚固。与一般蜘蛛不同，黑寡妇蜘蛛的牵引丝有着更加出众的性能，无论强度还是伸展性都更胜一筹。这赋予了黑寡妇蛛丝承受更大拉力和形变的能力。据记载，黑寡妇蛛丝在拉断前可以延伸27%，强度则超过普通蛛丝的2倍。

柔软的蜘蛛丝是已知韧度最高的天然纤维，蛛丝是自然界最理想的纤维材料之一，强度竟然超过所有其他天然纤维，甚至连以坚韧著称的钢丝和凯夫拉纤维都望尘莫及，尤其以高强度、高韧性著称。

作为生物材料的蛛丝在医学方面有重要应用前景，如果它的硬度再高一点就更有用了。美国和英国科学家新近用转基因手段生产出了坚硬的蜘蛛丝。这种坚硬的丝有望用来制造更好的细胞生长框架。科学家正尝试用类似手段使蜘蛛丝与其他矿物质结合，例如人体骨骼中的羟磷灰石。他们认为，含有人体矿物质的蜘蛛丝框架，可用于培育更适于移植的特定人体组织。

●蛛丝利用前景广阔

目前市场上还没有出现与蛛丝相关的产品。科学家认为，新发现有助于工业新材料的开发。在黑寡妇蛛丝启发下开发形成的新一代高强度合成纤维将在医药、工程、体育、军事等领域大显身手。如果用蛛丝蛋白制成防弹衣，它的防弹性能可以大大提高，而且不会增加防弹衣本身的重量。

借助现已破译的蛛丝遗传密码，科学家可以在诸如细菌、植物或动物等不同宿主身上合成产生构成蛛丝的关键蛋白。科学家面临的下一个难题是，如何把合成产生的关键蛋白制造成人造蛛丝。

彩色蚕丝和彩色棉花

近些年由于生物工程技术的发展，研究人员研究出了彩色的蚕丝和彩色的棉花，从此，不用染布，就可以直接用彩色蚕丝纺织带有颜色的丝绸，用彩色棉花直接纺织彩色的棉布。

这种技术省略了纺织印染，因此使纺织成本大为降低，而且消除了纺织印染带来的污染。

●彩色蚕丝竞相亮相

日本东京大学研究者作道孝志说，了解蚕的色素运输系统，也许可为以基因操控蚕丝的色彩和色素铺路。在本质上，蚕丝的颜色原应有白、黄、浅黄、浅橙、紫和绿。丝的颜色，受到蚕从桑叶中吸取的自然色素决定。

日本研究者从吐白丝的蚕中发现，那"黄血"，也即Y基因，发生了突变，一段DNA被删除了。该Y基因使蚕可以从桑叶提取黄色化合物类胡萝卜素。突变后的蚕生产的，是"类胡萝卜素结合蛋白"的一种无功能的形式。类胡萝卜素结合蛋白可帮助摄取色素。研究者利用基因工程技术，把原始的Y基因加入突变后的蚕体里。结果，这些经基因改造的蚕，能生产有效的类胡萝卜素结合蛋白和黄色蚕丝。

我国的研究人员也研究出色素添加制彩茧技术，这种技术是在家蚕实用品种常规饲养的基础上，在人工饲料或桑叶中添加经过筛选和处理的色素，使蚕食后改变其丝腺着色性能。根据添食色素的不同，使家蚕的茧呈现出不同色彩，目前结出的茧主要有红、橙、黄、绿4种颜色。彩色蚕丝具有抗真菌、抗氧化、防紫外线三大功能。

●彩色棉花备受青睐

有些自然长成的棉花摘下时就是深褐色的。事实上，美洲的印第安农民十分熟悉那些天生就不是白色的棉花。但是所有这些在美洲土生土长的褐色棉花的纤维太短，无法由机器纺成纱投入商业用途。

1972年，美国科学家运用转基因技术培育彩棉获得成功，1982年美国南部地区研究中心经过改良品种研制，很快将彩棉种植面积扩大到1万英亩。发展到现在已种植彩棉达50多万英亩，每亩产量70至90千克。

我国是在20世纪90年代末期才开始从事彩棉研究的，是继美国之后第二个大面积推广彩棉种植的国家。1994年我国首次从美国引进转基因彩棉种子。1995年育出棕、绿等彩色棉花，高产皮棉80千克。1997年北京主力集团再次从美国引进棕、褐等彩棉品种，中国农科院棉花研究所将彩棉种植扩大到1万亩。

专家统计，目前全球彩棉种植面积已达100万亩，全球彩棉的数量虽然仅占千分之四点二，但已为全球纺织业增添了一个光彩四射的天然纤维品种，为纺织原料增添了一个大有发展前途的供应源。

彩棉是利用现代生物工程技术培育出的一种吐絮时棉纤维，具有红、黄、绿、棕、灰、紫等天然色彩的特殊类型棉花。从种植到加工制成产品，无需经过人工漂染，不形成污染源，它的纤维和色彩是百分之百的纯天然，用它织成的布，不仅具有天然性质，还越洗色彩越深，越洗视感越新，用它制作的服装不但手感好、弹性强、柔软性佳。制成的服装经洗涤和风吹日晒也不变色，耐穿耐磨、穿着舒适，有利人体健康。而且能在产品消费变旧后循环再生，因此彩棉及其制品被称为天然的绿色产品。

海上石油开采

● 石油——人类离不开的资源

石油同煤相比，具有能量密度大（等重的石油燃烧热比标准煤高50％）、运输储存方便、燃烧后对大气的污染程度较小等优点。从石油中提炼的燃料油是运输工具、电站锅炉、冶金工业和建筑材料工业中各种窑炉的主要燃料。以石油为原料的液化气和管道煤气是城市居民生活应用的优质燃料。飞机、坦克、舰艇、火箭以及其他航天器，也消耗大量石油燃料。因此，许多国家都把石油列为战略物资。

石油制品还广泛地用作各种机械的润滑剂。沥青是公路和建筑的重要材料。石油化工产品广泛地用于农业、轻工业、纺织工业以及医药卫生等部门，如合成纤维、塑料、合成橡胶制品，已成为人们的生活必需品，而这些产品都是石油生产出来的。

● 海洋——石油开发的新天地

几十年前，石油的用量大大增加，而陆上的石油开采已经远远满足不了需要，科学家们把目光移向了海洋，并且在海洋进行石油勘探和开发石油。

海底石油和天然气的勘探、开采的方法和在陆地上相似，不过是由于在水上作业，于是海上钻井平台被发明了出来。

地质学家和地球物理学家通常利用地震波方法来寻找海底油气矿藏，然后通过海上钻井来估计矿藏类型与分布，分析是否具有商业开发价值。

20世纪60年代开始，海上石油开发有了极大的发展。海上油田的采油量已达到世界总采油量的20％左右。形成了整套的海上开采和集输的专用设备和技术。平台的建设已经可以抗风、浪、冰流及地震等各种灾害，油、气田开采的水深已经超过200米。

海上钻井平台是实施海底油气勘探和开采的工作基地，它标志着海底油气开发技术的水平。工作人员和物资在平台和陆地间的运输一般通过直升机完成。油气田离炼油厂一般都较远，油气要经过装油站通过船舶运到目的地，或直接由海底管道输送至海岸。

现在最常用的钻探平台被称为自升式塔台，有点儿像固定平台和潜水平台的综合体。自升式塔台被拖到指定位置之后，它就开始发挥驳船的作用，潜入水中。它的桩腿开始向下伸，直到海底，这些桩腿把平台固定在那儿，就像桌子腿一样。然后钻探平台再自动向上升起，一直升到海面以上的安全工作高度。当钻探工作结束时，钻探平台就和钻孔脱离(钻孔要用混凝土封上)，浮于海面，被拖往下一勘探地。

海上钻井平台主要用于钻探井的海上结构物。上装钻井、动力、通讯、导航等设备，以及安全救生和人员生活设施。

"航母"般的钻井平台，简直就是一座海上的不夜城。高高的平台，耸立在大海的碧波之上，至少有十几层楼高。那钻机旋转时，其轰鸣声震动四面海洋，可站在平台上你并没有感觉地动天摇，相反既平稳又安全。球场似的钻井台，既是一个工地，又同时拥有各种生活设施，工人和技术人员可以在这里生活几十天，甚至半年都不会感到乏味……

海洋调查和探测

● 海洋科学调查船

海洋科学调查船担负着调查海洋、研究海洋的责任，是利用和开发海洋资源的先锋。它调查的主要内容有海面与高空气象、海洋水深与地貌、地球磁场、海流与潮汐、海水物理性质与海底矿物资源（石油、天然气、矿藏等）、海水的化学成分、生物资源（水产品等）、海底地震等。其中极地考察和大洋调查等活动，为世界各国科学家所瞩目。

大型海洋调查船可对全球海洋进行综合调查，它的稳定性和适航性良好，能够经受住大风大浪的袭击。船上的机电设备、导航设备、通讯系统等十分先进，燃料及各种生活用品的装载量大，能够长时间坚持在海上进行调查研究。同时，这类船还具有优良的操纵性能和定位性能，以适应各种海洋调查作业的需要。

●海洋监测浮标

海洋监测浮标是一种现代化的海洋观测设施。它具有全天候、全天时稳定可靠的收集海洋环境资料的能力，并能实现数据的自动采集、自动标示和自动发送。

海洋监测浮标，一般分为水上和水下两部分，水上部分装有多种气象要素传感器，分别测量风速、风向、气温、气压和温度等气象要素；水下部分有多种水文要素传感器，分别测量波浪、海流、潮位、海温和盐度等海洋水文要素。

各种传感器将采集到的信号，通过仪器自动处理，由发射机定时发出。地面接收站将收到的信号经过处理后，就得到了人们所需要的资料。通过对这些资料的掌握，会给人们的生产和生活带来极大的便利。如知道了海流流向，航海时便尽可能顺流而行；知道了风暴区域，航海时则可避开绕行；知道了潮位的异常升高，便可及时防备突发事件……

●海下测音装置

新一代海洋探测装置正在使用声音追踪大洋底部发生的"重大事件"，例如火山和地震等，因为科学家发现，海洋中温度和压力的不平衡可以形成一个走廊，沿着这条走廊，声音可以传播几千千米，为此人们研制出了可永远放置于海底的水下测音装置，这就是SOFAR（声学系统和测距装置）。现在，这种装置已经布置在了海底，相关海洋学家每星期要用电脑处理10亿字节这些来自太平洋底部的信息。自1991年SOFAR启用以来，人们已用它确定了几万次发生于大洋底部的地震和几次海底火山爆发，这些海底的剧烈运动都没有被安放在陆地上的地震仪监测到。

今天，科学家们又研制出了更加轻便灵活的水下测音器，并把监测的范围扩展到了大西洋。在那里，他们第一次记录到由中大西洋山脊火山活动发出的声音，在这片地区，岩浆正在上升，海底正在慢慢扩展。

●海下传感器

从大量的地震监测和钻探活动中，海洋地质学家们已经知道海底的下面存在着大量的地下海水，它们流动着，将热量带到海床的上面。科学家希望知道这些地下海水的活动究竟是怎样的，其移动的速度有多快。于是他们在海底钻了一些孔，然后将一些传感器放于孔中，通过这些传感器，科学家可以持续地获得有关海洋地下水的压力和温度方面的资料。这个海底地下监测系统被命名为CORKS，自1991年正式启用以来，它为人们提供了大量海底地层的信息。

海底以下是否存在生命也是一个令科学家备感兴趣的问题。几年前，科学家们在秘鲁附近海域进行了一次雄心勃勃的探索活动，他们在150米至5 300米的水下进行钻探，结果竟在海底以下420米的地层里找到了微生物。科学家认为海底以下存在着大量的微生物，它们的数量可能占地球微生物总数量的三分之二，由此人们意识到类似的生命形式很可能也存在于其他行星和卫星的海洋下面。

现代流水生产线

●生产流水线的始祖——汽车生产流水线

汽车发明之处，这种全新的现代化交通工具却是落后的小生产方式打造的，因而成本很高，只能成为一种奢侈品，并不能发挥这种先进交通工具的作用。当时，美国的福特汽车公司生产一辆汽车要费728个工时，一年的产量仅有12辆。

福特公司的创始人，著名的企业家，被称为"为世界装上轮子的人"——福特，他开始思考让汽车成为大众化的交通工具的问题。他想，提高生产速度和生产效率是关键，只有降低成本，才能降低价格，才能使普通百姓也能买得起汽车。

1913年，福特应用创新理念和反向思维逻辑提出流水线生产的概念即在汽车组装过程中，首先将汽车底盘放在传送带上以一定速度从一端向另一端前行。前行中，逐步装上发动机、操控系统、车厢、方向盘、仪表、车灯、车窗玻璃、车轮，直至组装完成。流水线生产使每辆T型汽车的组装时间由原来的12小时28分钟缩短至10秒钟，生产效率提高了4 488倍！

这就是世界上第一条现代化生产线。

流水线就是把一个重复的过程分为若干个子过程，每个子过程可以和其他子过程并行运作。福特不仅把汽车放在流水线上组装，还花费大量精力研究如何提高劳动生产率。福特把装配汽车的零件装在敞口箱里，放在输送带上，送到技工面前，工人只需站在输送带两边，节省了来往取零件的时间。而且装配底盘时，让工人拖着底盘通过预先排列好的一堆零件，负责装配的工人只需安装，这样装配速度自然加快了。福特这个新的系统既有效又经济，在一年之中生产几十万辆汽车，这样一来，就把汽车的价格削减了一半，降至每辆车只卖260美元。1913年的美国人均年收入为5 301美元。在1914年，一个美国的普通工人工作不到4个月就可以买一辆T型车。

●五花八门的流水生产线

流水线生产方式的出现，使汽车生产的每一个生产岗位有了通用的标准和固定的流程。由此，只有少数技术工人才能生产汽车的历史，被彻底颠覆。当一双黑乎乎的挖煤工人的手，也能造出"神秘的汽车"时，就意味着一个最普通的体力劳动者的工作效率被提高到了技术工人的水平之上。这是流水线生产方式本身的功劳和胜利。这种流水生产线促进了生产的标准化和流程化，降低了操作难度，节省了时间，提高了效率。随着这种新型的生产组织方式的被认同，人们还迅速将其引进到许多领域，比如，服装生产线、面包生产线、药品生产线、饮料生产线、畜禽宰杀流水线，甚至还出现了房屋生产线。

定向爆破

●听话的爆炸

炸药爆炸是一种激烈的化学反应，其激烈的程度令人生畏。如果让炸药听话，按着人们的预想爆炸，那无穷的爆炸威力可就大有用武之地了。定向爆破就是科学技术人员找到的一种控制炸药爆炸的方法。

定向爆破是基于炸药爆炸产生的高温高压气体，必定沿最小抵抗线方向冲出的规律，利用自然地形条件和药室结构进行控制的原理。使破碎介质定点抛掷和堆筑这种技术的基本原理是，单药包爆破时，爆破漏斗中的介质大部分以接近于最小抵抗线的方向抛出。

在施工中适当选择和安排药包的位置和药量的分配，以控制抛方的抛速大小和方向，利用炸药爆炸的威力，把某一地区的土石方抛掷到指定的地区，并大致堆积成所需形状使爆炸的效果达到预期目的。

定向爆破需要精心设计，首先是根据工程需要和现场地形、地质情况大致确定爆区，再对爆区进行严格的地形地质勘测，在此基础上即可进行爆破设计。设计时要充分利用地形，合理布药，准确确定装药量；还必须注意到包括洞室施工，装药爆破，起爆网路，安全校核以及其他有关项目。

中国当前的定向爆破技术，可以做到一次爆破百万立方米的土石方，所耗炸药量达到千吨级。

●定向爆破的功绩

定向爆破在军事上主要用于堵塞隘路、构筑土石障碍物、修筑军用道路等，也可用于杀伤敌方有生力量。在国民经济建设中广泛用于筑坝、修路、采矿、开渠、平整场地等。

前苏联于1935年在奇尔奇克河上，首次将定向爆破用于截流工程。此后还曾用定向爆破法修建了一些大坝。其中1967年用6 700吨炸药爆破填筑的梅杰奥坝就是一座高72.8米、坝体方量为237万米的堆石坝。

中国自1958年起研究并应用定向爆破技术于永久性大坝工程、路基工程和矿山剥离等。1960年在广东省南水水电站，采用定向爆破筑坝，坝高81.3米，坝长215米，库容12亿米，一次炸药用量1 394吨，直接堆筑坝体100万米，其余30万米由机械填筑完成，爆破堆筑坝高达62.5米。

2008年11月，国内规模最大的一次定向爆破项目——华能杨柳青热电厂4座冷却水塔拆除爆破工程成功起爆。在1个月的施工期间，共使用导爆雷管5 300枚、铺设导爆管网路3 000米、使用四通连接件1 000个，共分16个毫秒微差段起爆，最后爆破效果十分理想。

定向爆破在建筑拆除中也被普遍采用，这种方法可以节约资金、缩短工期。技术人员在拆除的大楼、烟囱上，按着计算好的位置钻孔，并布好一定数量的炸药，在接通电源后的几秒钟内就可以爆破成功。爆破既不会影响周围的建筑物，也不会对人构成伤害。

建筑物整体搬迁

● 整体搬迁技术原理

重物搬运自古有之。历史记载告诉人们，古埃及金字塔的建筑师们已经掌握了运输超重建筑构件，其中包括运输并搭建大型石制横梁的技能。

1770年为了在彼得堡兴建一座彼得纪念碑，重1 250吨的巨型石块被架在铜质滚球上滑行了65千米。这是利用滚动摩擦代替了滑动摩擦，大大节省了移动力。

最早的石头建筑物的整体建筑移迁是在1455年，完成这项工程的是一位意大利建筑师阿里斯托泰莱·菲奥万蒂，莫斯科克里姆林宫内的圣母升天大教堂也是由他设计建成的。在菲奥万蒂的主持下，意大利博洛尼亚市圣马克教堂的石砌钟楼安然无恙地移动了10米多。

大楼整体平移的原理，就是把建筑物安上产生滚动的装置，就像把建筑物装上了轮子，让它平稳地搬走。这只是原理而已，实际的搬运是相当复杂的，必须经过一系列的调查、勘测、计算，最后设计搬运方案，用特种设备实施整体搬迁。

建筑物整体搬迁通常首先要将大楼与原地基切离，然后把建筑物转换到一个下部有滚轴或滚轮的托架上，就像把建筑物装上了轮子，使建筑物形成一个可移动体，最后通过牵引设备将其移动并固定到新基础上。

建筑物整体搬迁用的滑动支座是一种用于超重物体搬迁或建筑整体搬迁的移动工具，这种滑动支座由润滑层和钢板粘贴在一起组成，钢板位于上层，与建筑物的底部上托架梁相接，润滑层位于下层，与下轨道梁相接触。在钢板上还设有弹性材料与钢板叠合而成。

●整体搬迁是特殊需要的选择

有些建筑物具有特殊的需要保留的价值，一些是具有文物价值的历史建筑物，或者是比较坚固且有使用价值的建筑物，这些建筑物是不能随意拆除的，否则不是毁坏了历史的印迹，就是造成了极大的浪费。在这样的情况下，把这些建筑物整体的平移，就保护了这些历史文物，也使有使用价值的建筑继续使用。

建筑物的整体平移还有许多的意义，整体平移可以节省人力、物力、省时省工。整体平移的费用约是拆除重建的25%左右，工时也可缩短一半以上时间。

平移可避免拆除造成的烟尘、噪声，以及建筑垃圾等污染，利于环境保护。

种种原因的建筑物整体移动，在旧城改造、道路拓宽、文物保护等方面，为我们开辟了一条新路。

●千年古寺整体迁移

河南林州慈源寺始建于唐代贞观年间，是我国罕见的一处融儒、道、佛三教于一体的历史文化遗存。2004年，安阳至林州高速公路开工建设，因寺院南北地下均为煤矿采空区，拟建的高速公路只能从寺院中部通过。为了保护这一优秀文化遗产，河南省政府同意对慈源寺整体迁移保护。

2006年6月3日，慈源寺保护工程中的大雄宝殿、文昌阁、三教堂3座总重达3 500吨的文物建筑，在历经5个月、转了13个弯、累计跋涉1 256.02米后，平安抵达新址既定位置。创下了距离最长、转弯次数最多等古建平移国内纪录。

6月6日，工程顺利通过专家验收，标志着中国首例"古建群移动保护工程"圆满完成了移动施工。

消防队员的新装备

为了尽快地扑灭大火，消防队员们都配上了新型的消防装备，这些装备了使用了新材料，应用了新技术。因而既能很好地保护消防队员的安全，也能尽快地扑灭大火。

●阻燃隔热的防护装具

消防队员们在烟火迷漫的战场奋不顾身战斗，火场充斥着有毒气体和高达上千度的熊熊烈焰，这些严重地威胁着人身安全。为了保障消防队员的安全，消防队员必须穿着阻燃隔热的消防服，带上呼吸器，进行扑灭大火的战斗。

消防服、呼吸器就是消防队员的防护装具，是现代消防队员的第一装备。现代的消防服采用铝箔复合阻燃织物等多层织物制成，穿起来既能隔热、阻燃、防水、防湿，还能防静电，并且穿着十分舒适。在特殊的火灾现场，还有防酸碱渗透功能的消防防化服等。

空气呼吸器可以保护消防队员免受有毒气体的伤害。正压式消防空气呼吸器是一种专为个人配备的用于保护呼吸的装备。用在有浓烟、毒气、蒸气或缺氧的各种环境中，安全有效地进行灭火、抢险救灾、救护和维修等工作。

这种正压式呼吸保护装备，视野广阔、明亮，与人的面部贴合紧密，且具有良好密封性能的全面罩；使用过程中，全面罩内的压力始终大于周围环境的大气压力，能有效地防止外界有毒有害气体的侵入。

呼吸器上配备了气瓶余压报警器，用于提醒佩戴者安全及时地撤离火灾现场。

●轻便多用的小型消防工具

建筑内发生火灾时，火灾现场的温度非常高，烟雾也大，因此能见度极低，火场形势瞬息万变，在这样危险的环境里作战是很困难的。因此有的消防队员的特殊头盔上都装有热成像仪，使他们在烟雾弥漫的环境里，也能看到火场火情，及时准确地采取措施消灭火点。

消防队员们都配备有小型的液压剪、扩张器、开门器等破拆工具，这些工具携带方便，小巧玲珑，在他们进入室内灭火时，这些液压剪、扩张器、开门器等破拆工具都会发挥作用，用这些工具可以方便地进行破拆，以扫除障碍及时到达明火点，扑灭火灾。

在发生火灾时，第一时间就是抢救生命，当火灾被困人员出现昏迷状态时，因火灾现场有烟雾，消防队员搜救被困人员就十分困难。负责搜救的消防队员配备有生命探测仪，人体热温感测仪、远红外线透视镜，这些工具都能够使消防队员在突发现场最先发现被困人员。

消防队员不但在救火现场显示出超人的救火能力，在其他救援中也各显神通，尤其是在地震救援、坍塌现场救援等等，消防队员的专业器材和专业知识，挽救了许多人的生命。

家庭自动化

家庭自动化系统主要是以一个中央微处理机接收来自相关电子电器产品的讯息后，再以既定的程序发送适当的信息给其他电子电器产品。中央微处理机必须透过许多界面来控制家中的电器产品，这些界面可以是键盘，也可以是触摸式荧幕、按钮、电脑、电话机、遥控器等。操控者可发送信号至中央微处理机，或接收来自中央微处理机的讯号。

●家庭安全系统

家庭安全系统是家庭防火、防气和水漏泄、防盗的设施，它由传感器、家用计算机和相应的控制系统组成。

这个系统把紧急呼叫、门禁、灯光控制模块、火警探测器、电子门锁以及触摸屏操作终端连接起来，并且整合了安防系统、煤气阀控制、灯光控制、窗帘控制、场景联动控制、空调控制和信息家电控制。

红外线探测器等各式的传感器对室内的光线、温度和气味等参量进行检测，发现煤气漏气、自来水漏水、暖气排水管道等处漏水、火情和偷盗等情况时立即将有关信息送给计算机，计算机根据提供的信息进行判断，采取相应的措施或报警。

例如：当传感器发现室内室温升高超限，并伴有烟气，它立即将信息输入计算机，计算机经过判断立即控制发出报警，控制灭火器灭火，并通过电话机向主人或有关部门报告。不管你在哪里，都会收到家里电话的自动报警信息。

●家庭自动控制系统

家庭中电器及电子生活用品越来越多，这些用品都是用计算机管理的，这就实现了自动控制。这种系统用于对空调器、收音机、电视机、音响装置、清洁器、灯具、电动自动窗帘、照明灯等电器进行集中管理和自动控制，它由微型计算机和控制器组成。例如，它能控制空调系统，根据季节的变化、天气变化自动调节室内的温度和湿度，给你创造一个舒适的生活空间；它能不断地调整，使能源、照明和热水供应等设备处于最佳运行状态。当你离开家时，室内的照明将全部关闭，不会因为你忘记关闭电灯或电器而浪费能源或发生意外；当你回家时，照明灯会及时打开，你预定的烧开水和简单的晚餐，热水器和电子炉灶已经为你准备好，而这些都是计算机自动控制的。

自动窗帘会随着日光的照射状况，及时开闭，根本不用你动手，室内的采光始终处于最佳状态。使用电子炉灶、清洁器定时完成做饭和清扫等工作。

家用机器人。20世纪80年代以来，有些国家已研制出家用机器人，它可以代替人完成端茶、值班、洗碗、扫除以及与人下棋等工作。家用机器人与一般的产业机器人不同，它应是智能机器人。它靠各种传感器感知，能听懂人的命令，能识别三维物体，具有灵活的多关节手臂。但目前这种机器人还有许多技术问题尚未解决。

●家庭信息系统

电话、电视机等在家用计算机的控制下形成统一的家用信息系统，并通过通信线路与社会信息中心相连，使家庭信息系统成为社会信息中心的终端，随时可从信息中心获取所需要的各种信息。利用家庭信息系统还可以进行健康管理，如对老人或体弱者每天测量体温、脉搏和血压，并将数据输入终端机，由附近医师指导给予诊断。家庭计算机辅助教育系统可用于在家中学习各种知识。利用可视数据系统，可以在家订购货物、车票、机票、旅馆房间，检索情报资料，阅读电视版报刊等。家庭自动化的进一步发展可以实现在家办公，使家庭成为工厂或办公室的"终端"。因此，家庭自动化将是工厂自动化和办公室自动化的延伸和组成部分。

目前，电子计算机信息服务已日益普及。日本大阪附近建立的"光纤实验城市"，利用CATV网络已可提供电子购货、电子划帐、电子教学、自动报警、自动收取公用事业费用等家庭信息服务。

圣火不熄的奥秘

2008年的北京奥运会中，用于圣火传递的祥云火炬其实分两种，普通传递所用的祥云火炬和用于珠峰登顶的火炬完全不同，但为了祥云火炬不能被风吹灭，两者都用到了航天领域的高科技。

●火炬的燃料——液体"丙烷"

研制地面传递的祥云火炬，需要首先确定燃料，研制团队最终选定液体"丙烷"作为火炬燃料。这是因为，丙烷燃烧后主要产生水蒸气和二氧化碳，不会对环境造成污染，而且它能适应的温度范围非常广，−20℃~40℃的范围内，丙烷都能正常燃烧。更重要的是，丙烷燃烧产生的火焰为亮黄色，火炬手跑动时，飘动的火焰在不同颜色的背景下都比较醒目，完全满足拍摄要求。

燃料确定后，新问题随之而来：由于祥云火炬的外形是一个略带弯曲的弧状，而火炬内部的燃烧装置只能做成规则的直筒，这样一来就只能通过缩短内部装置长度的办法来适应外部的弯曲形状。然而，内部燃烧装置被缩短之后，火炬的燃烧时间也随之大大缩短，根本无法满足奥组委关于火炬燃烧时间不能低于15分钟的技术要求。火炬研发人员经过多轮试验，最终利用燃料瓶和连接管路的变形，使火炬燃烧系统与外形匹配，满足了燃烧时间的要求。

●环状保护罩——圣火在暴雨中熊熊燃烧

2008年8月14日，北京迎来了奥运会开幕以来的首场大雨。矗立在"鸟巢"上方的奥运主火炬在风雨中依然熊熊燃烧。主火炬之所以能经得住暴雨的考验，这是由于科研人员为主火炬上的每个火孔"穿"上了环状保护罩，使其可以像屋顶那样遮风避雨，降低雨水对火炬的影响。

北京奥运主会场主火炬的火焰高8米，宽4米。火炬造型呈螺旋上升状，决定其形状、色彩的特点在于火炬燃烧器，它由数百个燃烧孔排成排、编成组，对火焰燃烧实施分段控制与调节，并形成1.6米高度差的立体造型，这和以往火炬的燃烧器呈平面盘状有很大差异，既集中了火力，使火焰形状完整连贯，又增强了观赏性。

主火炬在设计之初就必须考虑到恶劣天气对火炬的影响，在调试过程中，点燃的火炬就经受住了六组消防高压水枪制造出的"人工降雨"环境的考验，保证了火炬在每小时降水80毫米的暴雨天气下仍然正常燃烧，并在燃烧系统内加装了专门的防风装置，具备抗相当于10级风力的能力。主火炬同时采取了一系列防雷技术，可防雷击，且能"熄火无噪音"。

●增加燃料——延长了火炬燃烧的时间

普通火炬设计燃烧时间能达到6到8分钟，而在主火炬点火彩排阶段，李宁上升过程38秒，完成点火需要4分多钟。其实原来的火炬就已经够用了，但是为了给李宁更充足的时间，最后还是决定将火炬内的燃气增加到了175克，比原来的增加了7克。改进后的火炬能燃烧9分钟，比之前多了1分多钟。另外，因为李宁手举火炬时间太长，热量会逐渐散发到手臂上，为了确保长时间握火炬时不烫手，火炬下端特别增加了一层隔热板。

安全气囊

●什么是安全气囊？

安全气囊（SRS）是现代轿车上引人注目的高技术装置。安装了安全气囊装置的轿车方向盘，平常与普通方向盘没有什么区别，但一旦车前端发生了强烈的碰撞，安全气囊就会瞬间从方向盘内"蹦"出来，垫在方向盘与驾驶者之间，防止驾驶者的头部和胸部撞击到方向盘或仪表板等硬物上。安全气囊分装在汽车内前方（正、副驾驶位），侧方（车内前排和后排）和车顶三个方向。安全气囊面世以来，已经挽救了许多人的性命。记录表明，有气囊装置的轿车发生正面撞车，驾驶者的死亡率，大型轿车降低30%，中型轿车降低11%，小型轿车降低14%。

安全气囊主要由传感器、微处理器、气体发生器和气囊等部件组成。传感器和微处理器用以判断撞车程度，传递及发送信号；气体发生器根据信号指示产生点火动作，点燃固态燃料并产生气体向气囊充气，使气囊迅速膨胀，气囊容量约在50～90 L。同时气囊设有安全阀，当充气过量或囊内压力超过一定值时会自动泄放部分气体，避免将乘客挤压受伤。安全气囊所用的气体多是氮气或一氧化碳。

●安全气囊与安全带配合使用

安全气囊通常是作为安全带的辅助安全装置出现。安全带与安全气囊是配套使用，没有安全带，安全气囊的安全效果将要大打折扣。据调查，单独使用安全气囊可使事故死亡率降低18%左右，单独使用安全带可使事故死亡率下降42%左右，而当安全气囊与安全带配合使用时可使事故死亡率降低47%左右。由此可见，只有两者相互配合才能最大可能地降低事故的死亡率。

当发生碰撞事故时，安全带将乘员"约束"在座椅上，使乘员的身体不至于撞到方向盘、仪表板和风窗玻璃上，避免乘员发生二次碰撞；同时避免乘员在车辆发生翻滚等危险情况下被抛离座位。安全气囊的保护原理是：当汽车遭受一定碰撞力量以后，气囊系统就会引发某种类似小剂量炸药爆炸的化学反应，隐藏在车内的安全气囊就在瞬间充气弹出，在乘员的身体与车内设备碰撞之前起到铺垫作用，减轻身体所受冲击力，从而达到减轻乘员伤害的效果。

●安全气囊也有它的不足之处

一是在低速碰撞不致命的情况下，由于气囊起爆容易使一些近视眼带眼镜的人眼睛受到伤害甚至失明；二是由于气囊是按大人身高匹配，而对于孩子来说是致命的，曾经发生过多起气囊在碰撞起爆后将孩子颈椎折断致死案例，为此国外已立法禁止前排乘坐幼童。三是气囊必须配合安全带使用，否则在气囊作用下人有被甩到车外的可能。

随着科技的发展和人们对汽车安全重视程度的提高，汽车安全技术中的安全气囊技术近年来也发展得很快，新的技术可以更好地识别乘客类型，采取不同的保护措施。智能化、多安全气囊是今后整体安全气囊系统发展的必然趋势。

筑路机械

●材料运送车辆

自卸翻斗车是建筑专用车，它专门往来运送各种筑路材料。一车车黏土、砂石、粉煤灰、沥清等或运进工地，或运出工地。大的翻斗车一次可装载十几方砂石甚至几十方砂石材料。在装车时，装载机的大铲，用三五分钟的时间就装满了车斗。一位司机开着自卸翻斗车进入工地，按下按钮，自卸翻斗就会倾斜到后边，一车的砂石被一二分钟内卸完。装、卸、运筑路材料完全由机械完成，既节省了时间又节省了人力。

昔日工地上车水马龙、人山人海、马拉车运送砂石、水泥等筑路材料的景象已经成为对老筑路人的记忆，科学技术为筑路人添上了翅膀。

●筑路机械大展身手

推土机、挖沟机等一些机械，可以轻松地推掉土坡、填平沟洼使路面平整，刮地三尺毫不费力，挖出条条深沟易如反掌。一台机械可抵几十个劳动力挖掘的土方。

刮平机可以把路面的土、沙石刮得平平的。挖沟机在挖道路排水沟，或在挖城市道路供热、供水、供电、供气、电缆埋设沟时显得轻松自如，速度快、质量好。

在修好路基后铺设路面，也是由机械来完成的。水泥混凝土摊铺机、沥清摊铺机一边前进一边把水泥混凝土或沥清平整、均匀地铺在了路面上。沥清摊铺机上还装有使沥清保持一定温度的加热装置。

在修路基、摊铺路面后都要进行压实，成片的压实路面都由各式各样的压实机械完成，小部分的地方，大型压实机不便工作的地方用动力夯完成。

压实机械有振动压实机、轮胎式压实机、冲力振动夯、快速冲力夯等。压实机械是通过重力、冲力、振动等机械方式使路面平整、结构紧密。

在修筑公路时，往往是穿山过河。修筑桥梁、凿洞、隧道等比修筑公路更为艰辛。除一些筑路机械外，修筑桥梁、隧道时也有大量专用机械参加施工，比如，盾构机在开凿山洞挖掘隧道时就能大显身手。

如今，当你走近公路修筑工地时，就会发现那些自动化程度很高的各式各样的机械轰鸣作响。现在筑路工地上的许多工作都是由筑路机械来完成的，工程技术人员、工人师傅只是操纵着这些机械，或只做一些"搭把手"的工作。

专用汽车

●风驰电掣的急救车辆

时而在城市街路上急驰的救急汽车就有好多种，它们涂有特殊的颜色、标志，甚至装有警报器。这其中有红色的消防车、白色的救护车、黄色的工程抢险车、警车等。

消防车，它的装备就很特别。火红颜色的喷漆、闪亮的红色警灯、尖叫的警报器，它的形象告诉人们十万火急，请让开道路。消防车上一般都有一个水箱，里面装满了水，这些水通过车上的高压泵、水龙带、喷枪能喷出高压水流；车上还装有梯子及其他灭火工具，专用的云梯消防车上的自动云梯可伸长到十几层楼高，可以把消防员送上较高楼层、或楼顶进行灭火，抢救人员、财物。还有的消防车装有巨大的泡沫灭火喷枪或水枪，可以直接对准火源进行灭火。

医用救护车为白色喷漆，车上还有红十字标志，俨然像一个大夫，急匆匆地跑向急救地点。车上装有急救的医疗器械，有心肺机、病床等设施，只要把病人抬上车，就可以在车内进行输血、吸氧、注射等急救处置，并会很迅速的把危重病人送往医院救治。

工程抢险车是专门载送抢险人员和器材，赶往因电力、燃气或自来水等引发事故而出现险情的地点，进行紧急抢险的车辆。这些车辆上有专用的设施，像一个移动的修理厂。

●运送特殊货物的专用车

由于运输特殊的货物，科研人员设计了特殊的专用车辆。危险品和化学品运输罐车就是其中一种车辆。液化气和油都是流动的气体或液体，这种液体或气体没有一定的固定性状，在运输中会产生摇晃，严重地影响车辆的稳定。另外在晃动中极易产生静电，所以，它的货箱设计成圆形的罐，并在车后有放防静电的接地线。

运送鲜活食品的冷藏车，像是一个可移动的保鲜箱，车上有制冷设施，使保鲜箱内保持恒温，以保证鲜活食品安全的运送，不发生货物霉变或腐烂变质。

●不同用途的专用车

流动采血车，可在道路上行驶，停在适当的地方，为自愿献血者采血。车上有体检设施、输血设施。

当炎热的夏天，久旱无雨时，绿化洒水车在往街路旁的树池、花池里喷洒清水。这种车装有圆形水罐和喷枪，在炎热的伏天，把甘露般的清泉洒向花草树木。

在寒冷的冰天雪地里，大雪给城市交通、高速公路的交通带来不便，道路被冰雪覆盖，车轮打滑，这时铲雪车会立即出动，清除路面积雪，保证道路畅通。铲雪车上安装大型雪铲，把冰雪清除后，装到汽车上送走，或把冰雪推出高速公路路面。

电视转播车，是一个小型的可移动的电视台，它可以把电视信号转播到电视台，这种车为及时播放比赛、新闻、演出提供了极好的条件。

在城市建设中，管道清污车、工程抢险车、垃圾清运车等都是城建工人的好帮手，大大提高了工作效率，减少了许多繁重的劳动。

高速公路

●高速公路的主要特征

高速公路是在新的理念指导下，应用新的材料、新的技术和全新的管理模式进行管理的公路。

高速公路对交通实施限制，一是只供汽车高速行驶，不允许其他车辆和行人通行。二是对汽车的速度也进行了限制，高速公路设计行车速度，在野外大多按地形的不同，分为80千米/时、100千米/时、120千米/时和140千米/时四个等级；通过城市大多采用60千米/时和80千米/时两个等级。

高速公路设有4~8车道，中央设隔离带，将往返车辆完全隔开，真正做到分道行驶，为行车提供一个宽敞的行驶环境。

高速公路采用全封闭、全立交，路段两侧均设置禁入栅栏，使车速的提高和安全有了保证。

高速公路路面现多采用磨光值高的坚质材料（如改良沥青），以减少路表液面飘滑和射水现象。路缘带有时用与路面不同颜色的材料铺成。硬路肩为临时停车用，也需用较高级材料铺成。在陡而长的上坡路段，当重型汽车较多时，还要在车行道外侧另设爬坡车道。必要时，每隔2~5千米在车行道外侧加设宽3米、长10~20米的专用临时停车带。

高速公路设置夜间能发光或反光的交通标志牌。中央分隔带和渠化岛的边缘以及路面标线上均镶设反光器。桥梁、隧道、立体交叉以及城市地区设置大型照明设备。

高速公路管理、服务全面，因此必须建有许多附属设施，如：安全设施（防撞护栏、反光标志等）、监控设施、紧急电话和服务区等。这些高质量的设施一方面使车辆快速、安全、舒适地行驶有了充分保障，另一方面也使公路所适应的运输距离变得越来越长。

高速公路沿线每隔一定距离要设置收费站、加油站、公用电话、停车场、饭店和旅馆等服务设施。在高速公路交通繁忙地区，设置交通监视中心，整个地区车辆运行情况，会由电视摄像机传到荧光屏，便于指挥交通，还可利用无线电将信息传送给汽车驾驶员。当路上发生交通事故，监视中心可派巡视车或直升飞机到现场进行处理。

●高速公路的优势

公路运输具有门到门直达运输的灵活性，尤其适宜于客运和鲜货、集装箱的零担运输，这种功能高速公路表现得更为突出。高速公路在运输速度方面有很大的提高，如日本名神高速公路建成后比原有公路节约旅程时间约75％。高速公路比其他公路肇事率和死亡率也低得多。

各国高速公路里程一般只占公路总里程的1％~2％，但其所担负的运输量占公路总运输量的20％~25％。

高速公路造价高，用地多；但行车速度高，通行能力大，交通事故率小。故其投资费用一般只要7~10年即可由于其所节约的行车费用（包括燃料消耗、轮胎磨耗、汽车修理和养路费支出等）和运行时间以及所减少的行车事故而得到回偿。

据日本1983年对一些主导产业中的自动装置、测量元件、数控设备、电子计算机、集成电路等5个行业的461个厂家调查，由于高速公路的建成，其原材料和零件有92％是汽车运输，成品运出94％是靠汽车。

目前，全世界已有80多个国家和地区拥有高速公路，通车总里程超过了23万千米，即将实现高速公路四通八达。

电气化铁路

●电动机车

电气化铁路的牵引动力是电力机车，机车本身不带能源，所需能源由电力牵引供电系统提供。从发电厂经高压输电线送来的电流，送到铁路上空的接触网上。电力机车利用车顶的受电弓从接触网获得电能，牵引列车运行。

1882 年，世界上第一条电气化铁路通车运行。经过 100 多年以后，电气化铁路已遍布世界各地，总长度超过 20 多万千米，每年还有七八千千米以上的铁路实现电气化，电气化铁路已成为当今铁路运输的主流。

电气化铁路的主角是电力机车，电力机车以大功率的电机驱动。铁路两边架设了高高的水泥电杆，铁路路轨上方有一根导线，电厂输送来的电能通过这根导线、电力机车上的像弓一样的受电器，把电引入车内，再通过车内的变压器变压，将适合的电能输送给电机，驱动电机工作。

电力机车上还有调压装置及开关，以调节电机的电压，用这种方法控制车速。机车上还配有整流器，把导线输进的交流电变成直流电供电机使用。机车上的电子控制系统控制车上的各种设备的运行。

●电力机车的优越性

电力机车的热效率高。蒸气机车的热效率一般在 7% 左右，比较先进的内燃机车也只有 20% 的热效率，而电力机车热效率可达 25%，如果其中 30% 的电是水电站供给的，则热效率就可更高，甚至达到 34% 左右。

电力机车的马力，比内燃机车大 60% 左右。这大大地提高了机车的牵引力，提高了列车的速度。目前，世界上大多数电气化铁路都属于高速铁路，车速都在每小时 200 千米以上。

1981 年 2 月 22 日，法国的 TGV 高速电动车创造了每小时 380 千米的速度。1979 年日本在宫崎试验线上试运行的电力机车，创造了时速 517 千米的世界纪录，这个速度相当于二战时飞机的时速，火车超过了飞机。

电力机车具有较高的经济效益，它的马力大、速度快，可以多拉快跑，同时机车结构、设备趋于简便化，不用携带任何燃料，也省去了在一定阶段就要加煤、加油或加水的麻烦。

电力机车不受地理环境、气候冷暖的影响，只要有了电就可以勇往直前。因为它不用矿物燃料，所以机车不排有害气体、不冒烟，不污染环境，人们管它叫绿色交通工具。电力机车利用能源的效率比蒸汽机车、内燃机车、燃气轮机车都要高，可以节省能源。全世界的电气化铁路日夜不停地奔驰，节约的能源就相当可观了。对于当前世界面临矿物燃料能源开采过度、能源紧张的形势，电气化铁路更具有重大意义。

高速铁路

旅行时间的节约，旅行条件的改善，旅行费用的降低，再加上国际社会对人们赖以生存的地球环保意识的增强，使得高速铁路在世界范围内呈现出蓬勃发展的强劲的态势。

高速铁路是指营运速率达每小时 200 千米的铁路系统（也有 250 千米的说法）。早在 20 世初期，当时火车"最高速率"超过时速 200 千米者比比皆是。直到 1964 年日本的新干线系统开通，是史上第一个实现"营运速率"高于时速 200 千米的高速铁路系统。高速铁路除了在列车营运上达到一定速度标准外，车辆、路轨、操作都需要配合提升。

●高科技保障了高速铁路的崛起

高速铁路是高速、大运量的交通形式，它从研究、实验到推广应用，涉及许多学科和技术，因此，必须以高科技的发展作为前提，才能使人们的这一愿望得以实现。

建造高速铁路钢轨的钢材，需要高强度、纯净化的钢材，以提高钢轨平直度和尺寸精度；制造的列车车厢需要高强度、轻质的铝材；高速铁路牵引供电系统、高速铁路的信号与通信系统、防灾安全监控系统等，要求有万无一失的可靠性；空气动力学、制动和牵引电流的集电等方面采用的一系列新技术是高速火车得以大幅度提速的主要原因。它的同步发动机主机能转变成交流发电机，为制动变阻器提供电流。同时采用新型制动盘，把新型制动设备与一个微处理机自动系统结合，得以避免抱死车轴。它精心设置了悬浮减震设备，以及新型低噪音、低震动空调设备。由于采用了新型的发动机及制动和悬浮设备，因此机车、设备和路轨维修费用等等大大降低。高速铁路的牵引动力不断提高，摆式的牵引机车不断刷新高速度记录，1988 年德国的电力牵引的行车试验速度，突破每小时 400 千米大关，达到 406.9 千米。

不仅如此，高速铁路还需要生态、环境、营运、管理等许多方面的先进的理论和技术的支持。高速铁路的建设和营运是跨领域、跨专业、跨学科的社会性系统的工程，它足以反映人类社会文明进步的成果。

截止目前，已有日本、法国、德国等20多个国家开行了时速200千米以上的高速列车，并有许多国家正在设计和筹建。中国也将紧随其后，并在不远的将来，成为高速列车技术应用和生产的大国。

● 崛起并将大发展的中国高速铁路

中国这样一个幅员辽阔、人口众多的大国，急需高速铁路解决公共交通的难题。因而从1997年起，中国铁路开始了铁路大提速，为进入铁路的高速化时代作了充分准备。

根据《中国铁路中长期发展规划》，到2020年，为满足快速增长的旅客运输需求，建立省会城市及大中城市间的快速客运通道，规划"四纵四横"铁路快速客运通道以及三个城际快速客运系统。建设客运专线1.2万千米以上，客车速度目标值达到每小时200千米及以上。

中国高速铁路建设进程正在不断加快，武汉及周边城际圈、郑州及周边城际圈、长沙—株州—湘潭地区、长春—吉林等经济集中带或经济据点，均将规划修建城际铁路。

目前，京沪高速铁路正在紧锣密鼓的建设中，预计到2020年，中国200千米及以上时速的高速铁路建设里程将超过1.8万千米，将占世界高速铁路总里程的一半以上。

磁悬浮列车

● 磁悬浮列车的原理

磁悬浮列车的原理是运用磁铁"同性相斥，异性相吸"的性质，使磁铁具有抗拒地心引力的能力，即"磁性悬浮"。这种原理运用在铁路运输系统上，使列车完全脱离轨道而悬浮行驶，成为"无轮"列车，时速可达几百千米以上。

当今，世界上的磁悬浮列车主要有两种"悬浮"形式，一种是推斥式；另一种为吸力式。推斥式是利用两个磁铁同极性相对而产生的排斥力，使列车悬浮起来。这种磁悬浮列车车厢的两侧，安装有磁场强大的超导电磁铁。车辆运行时，这种电磁铁的磁场切割轨道两侧安装的铝环，致使其中产生感应电流，同时产生一个同极性反磁场，并使车辆推离轨面在空中悬浮起来。静止时，由于没有切割电势与电流，车辆不能产生悬浮，只能像飞机一样用轮子支撑车体。当车辆在直线电机的驱动下前进，速度达到80千米/小时以上时，车辆就悬浮起来了。吸力式是利用两个磁铁异性相吸的原理，将电磁铁置于轨道下方并固定在车体转向架上，两者之间产生一个强大的磁场，并相互吸引时，列车就能悬浮起来。这种吸力式磁悬浮列车无论是静止还是运动状态，都能保持稳定悬浮状态。我国自行开发的中低速磁悬浮列车就属于这个类型。

磁浮列车正因为浮在空中，没有轮轨接触，它的优越性就充分显示出来了。第一，高速度。浮在空中便没有了摩擦力，从理论上讲，速度是无限制的。第二，低振动、低噪声。与地面脱离接触，振动和噪声大大降低。第三，少维修。没有运动部件，没有磨擦损耗，维修量也就很少。第四，安全可靠。不存在脱轨更不会翻车。第五，无污染。不烧煤、不烧油，电力驱动能源清洁。

● 先进的磁悬浮列车

列车使用各种新型材料，列车的控制系统、供电系统，都使用了当前世界最新的技术。走进列车宽敞明亮、一尘不染的车厢，整齐划一的座椅，充裕的空间，显得这里更像飞机的客舱。

车厢内，通道两侧座位是三席，颜色为蓝色，显得明亮淡雅。高高的蓝色靠背椅，相当舒适，但没有安全带。贵宾车厢与普通车厢共有座位230个。要说车厢里特别与众不同的地方，那就是每两个车厢连接处，都有一个救生系统。

磁悬浮列车还有一个特别之处，那就是每节车厢顶部都装置着显示磁悬浮列车速度的液晶显示器。

磁悬浮列车的驾驶室与普通列车的驾驶室有着天壤之别。这里是一个高科技聚集的地方，三个仪表盘镶嵌在司机的前方，上面显示着磁悬浮列车的各种状态：停靠、悬浮、提升等等。仪表上的文字可以在德文、中文、英文中相互转换。

高速磁悬浮列车所需动力来自轨道，而非车辆本身。在其轨道上，安装有世界上最先进的大功率直线同步电动机。电动机实行分段供电，只有列车经过的路段，才能接通电源。这一切，都在中央控制室由计算机统一操作。因此，磁悬浮列车真正的司机不在列车上，而在站台上的中央控制室。

青藏铁路

●青藏铁路世界之最

一是线路最长的高原铁路：青藏铁路由西宁至格尔木段和格尔木至拉萨段构成，全长1 956千米。其中，格尔木至拉萨段，穿越戈壁荒漠、沼泽湿地和雪山草原，全线总里程达1 142千米。

二是海拔最高的高原铁路：青藏铁路穿越海拔4 000米以上的地段达960千米，最高点为海拔5 072米的唐古拉山垭口，又被誉为"离天最近的铁路"。

三是穿越冻土里程最长：青藏铁路穿越多年连续冻土里程达550千米。

四是创高原铁路最高时速：冻土地段时速将达到100千米。

五是最高的高原冻土隧道：风火山隧道海拔5 010米。

六是最长的高原冻土隧道：在海拔4 767米的昆仑山口附近，有世界上最长的高原冻土隧道，全长1 686米的昆仑山隧道。

七是海拔最高的火车站：唐古拉车站海拔达5 068米。

八是最高的铁路铺架基地：青藏铁路安多铺架基地海拔4 704米。

青藏铁路建设面临着脆弱的生态、高寒缺氧的环境和多年冻土的地质构造三大世界铁路建设难题。

为了保护高原湛蓝的天空、清澈的湖水、珍稀的野生动物，首次为野生动物开辟了25处野生动物迁徙通道，位于可可西里国家级自然保护区的清水河特大桥，就是青藏铁路专门为藏羚羊等野生动物迁徙而建设的。高原生态没有受到影响。

青藏铁路冻土攻关借鉴了青藏公路、青藏输油管道、兰西拉光缆等大型工程的冻土施工经验，并探讨和借鉴了俄罗斯、加拿大和北欧等国的冻土研究成果。我国科学家采取了以桥代路、片石通风路基、通风管路基、碎石和片石护坡、热棒、保温板、综合防排水体系等措施，冻土攻关取得重大进展，青藏铁路的冻土研究基地已成为中国乃至世界上最大的冻土研究基地。

"黄昏我站在高高的山冈，看那铁路修到我家乡，一条条巨龙翻山越岭，为雪域高原送来安康，那是一条神奇的天路，带我们走进人间天堂……这优美的歌声，让我们有理由相信：中国人不仅能建好青藏铁路，还能管好、用好青藏铁路，在"世界屋脊"书写新的传奇。

智能交通系统

智能交通系统（Intelligent Transport System）简称ITS，是建立一种在大范围内、全方位发挥作用的准时、准确、高效的交通运输管理体系，它在交通运输管理体系中把先进的计算机处理技术、信息技术、数据通讯传输技术及电子控制技术等有效地进行了综合运用。

智能交通系统通过人、车、路的和谐、密切配合提高交通运输效率，缓解交通阻塞，提高路网通过能力，较少交通事故，降低能源消耗，减轻环境污染。借助智能交通系统，驾驶员对实时交通状况了如指掌，管理人员则对车辆的行驶状况一清二楚，从而提高道路的安全性、系统的工作效率及环境质量等。

●智能交通系统的构成

智能交通系统包括机场、车站客流疏导系统，城市交通智能调度系统，高速公路智能调度系统，运营车辆调度管理系统，机动车自动控制系统等。

交通管理系统是一种主动控制的综合系统，先进的交通管理系统一般由6个子系统构成：智能交通管理系统、交通信息系统、动态路径诱导系统、车辆运行管理系统、公共交通运行系统和交通公害减轻系统等。建立交通管理系统的典型国家是新加坡。新加坡的城市交通管理系统，除了城市交通控制系统传统的功能如信号控制、交通监测、交通诱导和交通信息外，还包括了现今的电子收费系统。

具有智能的先进的交通信息系统是由交通信息中心直接向车辆发出各种有关交通的信息，还可以提供最佳路径咨询。驾驶员可根据所提供的信息和咨询意见合理安排自己的行驶路径。

车辆控制系统是对车辆本身而言的，主要包括行车安全警报系统与行车自控和自动驾驶系统两大部分。

公共交通系统包括公共交通车辆定位系统、客运量自动监测系统、行驶信息诱导系统、自动调度系统、电子车票系统及视野支持系统等。西方国家首先将该技术用于公共交通优先道和公交优先信号等的控制和管理上。

智能交通系统是现代交通的发展方向。目前的研究主要集中在交通控制与管理、车辆安全与控制、旅行信息服务、交通中的人为因素、交通模型开发、行政和组织问题、通信广播技术与系统方面。

从其重中之重的车辆方面看，智能交通系统的开发前景首先是开发能够从道路设施接受交通信息的车辆，然后是利用控制技术开发具有高度安全技术的安全车辆，最后实现自动驾驶车辆。通过智能交通系统技术的开发和应用，使人、车、路、环境充分协调，使人与车、车与车、车与路等各交通要素互相协调，从而达到交通系统化，进而建立起快速、准时、安全、便捷的交通运输体系。

目前世界上智能交通系统应用最为广泛的地区是日本，如日本的VICS系统相当完备和成熟，其次在美国、欧洲等地区已普遍应用。在中国，北京、上海等地也已广泛使用。

现代桥梁

●斜拉桥与悬索桥争显风采

在桥梁的结构形式中，最引人注意的是斜拉桥和悬索桥，这两种桥不仅造型美观，更重要的是这两种桥梁的承重能力大大提高，因而十分适宜现代桥梁大跨度的需要。

斜拉桥是将桥面用许多拉索直接拉在桥塔上的一种桥梁，是由承压的塔、受拉的索和承弯的梁体组合起来的一种结构体系。可看作是拉索代替支墩的多跨弹性支承连续梁。其可使梁体内弯矩减小，降低建筑高度，减轻了结构重量，节省了材料。

斜拉桥作为一种拉索体系，比梁式桥的跨越能力更大，是大跨度桥梁的最主要桥型。斜拉桥由索塔、主梁、斜拉索组成。

世界上建成的著名斜拉桥有：中国的苏通大桥（主跨1 088米），日本的多多罗大桥（主跨890米），法国诺曼底斜拉桥（主跨856米），南京长江三桥（主跨648米）。

斜拉桥是我国大跨径桥梁最流行的桥型之一。我国斜拉桥的主梁形式：混凝土以箱式、板式、边箱中板式；钢梁以正交异性极钢箱为主，也有边箱中板式。目前为止建成或正在施工的斜拉桥的数量，仅次于德国、日本，而居世界第三位。而大跨径混凝土斜拉桥的数量已居世界第一。

悬索桥人称吊起来的桥，又名吊桥，悬索桥是以承受拉力的缆索或链索作为主要承重构件的桥梁。悬索桥由悬索、索塔、锚碇、吊杆、桥面系等部分组成。悬索桥的主要承重构件是悬索，它主要承受拉力，一般用抗拉强度高的钢材（钢丝、钢绞线、钢缆等）制作。由于悬索桥可以充分利用材料的强度，并具有用料省、自重轻的特点，因此悬索桥在各种体系桥梁中的跨越能力最大，跨径可以达到1 000米以上。日本明石海峡大桥，主跨1 991米，是目前世界上跨径最大的桥梁。

●桥梁架设新技术

目前的造桥技术的最主要的特点是：预制化、工厂化、大型化、变海上施工为陆上施工的施工方案，突破了长期来设计决定施工的理念。桥梁的箱梁采取整体预制，运输和架梁采取一体化。箱梁在工厂生产，然后运送到桥墩处，并直接滑移安装到桥墩上，这些都是通过大型机械化设施完成的。

比如说杭州湾大桥就是箱式斜拉桥。

杭州湾大桥在滩涂区部分的桥身，使用的是50米跨度混凝土箱梁，每片重达1 430吨。而早先修建的施工栈桥承重能力也只有500吨，根本无法将箱梁运进滩涂。为此，施工人员想到了"梁上架梁"的施工方法。就是在已经架好的梁上，用大型架梁机把新箱梁运送到前端，逐步推进架设。

杭州湾跨海大桥除了浅海引桥区的404片50米混凝土箱梁，在深海区还有540片70米混凝土箱梁，每块重达2 180吨，宽16米、高4米。施工人员用大型架梁船，来完成从临时码头到施工现场的箱梁运送和海上架设任务。

杭州湾大桥的另一特点是斜拉桥结构，使桥梁的承重能力大为提高。大桥设南、北两个航道，其中北航道桥为主跨448米的钻石型双塔双索面钢箱梁斜拉桥，通航标准35 000吨；南航道桥为主跨318米的A型单塔双索面钢箱梁斜拉桥，通航标准3 000吨。

地　铁

●地铁破解城市交通拥塞之难

现代的地铁发展越来越显示出安全、快捷、舒适的优越性，对改善城市的交通状况有着特殊的作用。

地铁与城市中其他交通工具相比，除了能避免城市地面拥挤和充分利用空间外，还有很多优点。一是运量大。地铁的运输能力要比地面公共汽车大7~10倍，是任何城市交通工具所不能比拟的。二是速度快。地铁列车在地下隧道内风驰电掣地行进，行驶的时速可超过100千米。三是无污染。地铁列车以电力作为动力，不存在空气污染问题，因此受到各国政府的青睐。

地铁在许多城市交通中已担负起主要的乘客运输任务。莫斯科地铁是世界上最繁忙的地铁之一，800万莫斯科市民平均每天每人要乘一次地铁，地铁担负了该市客运总量的44%。东京地铁的营运里程和客运量与莫斯科地铁十分接近。巴黎地铁的日客运量已经超过1 000万人次。纽约的地铁营运线路总长居世界首位，日客运总量已达到2 000万人次，占该市各种交通工具运量的60%。香港地铁总长虽然只有43.2千米，但它的日客运量高达220万人次，最高时达到280万人次，如按地铁总长折算，完全可以与上述这些城市地铁相媲美。

第二次世界大站结束时，全世界只有20座城市有地铁。现在有地铁的城市已增加到100多座，线路长度达到5 200千米。世界上很多大城市的地下都已构筑起一个上下数层、四通八达的地铁网，有的还在地下设立商业设施和娱乐场所，与地铁一起形成了一个地下城。还有很多国家的地铁与地面铁路、高架道路等联合构成高速道路网，以解决城市交通运输紧张的问题。现代化地铁的发展，已成为城市交通现代化的重要标志之一。

●不断变脸的地铁

地铁建造的初期，人们对地铁既感到新鲜又感到"爱你不容易"。那时地铁是用蒸汽机车作为动力的，可以想象，在几乎封闭的地下隧道内，这对乘客们简直是一次考验。地铁车站里、车厢里到处都是呛人的煤烟，烦人的噪声，使人难以忍受。

现在地铁的动力是无污染、高效率的电力机车，隧道设有通风系统。车厢乘坐舒适、噪声极低，进出车站使用磁卡、乘坐滚梯，车速达到百千米，还有免费的报纸可以阅读，人们越来越青睐地铁。

地铁的隧道挖掘技术在20世纪90年代起，已逐步用盾构机暗挖法代替影响环境、浪费工时的明挖法。在城市地面构筑物多的情况下，盾构机向小鼹鼠一样，在地下直接挖掘隧道，丝毫不影响地面的交通和构筑物的安全。

隧　道

●穿过山体、钻入地下的隧道

地铁隧道。地铁是在地下几十米，甚至百米下的隧道中运行，它减轻了地面交通压力，又不受其他车辆干扰，因此，运行速度快。世界各地的地铁给人们的出行带来了极大的方便。

山体隧道。在大山山体上挖开一个洞，从山这边挖到那边，火车、汽车可从隧道中穿过，而不必再绕着山转过去，节省了路程，也减少了大弧度的转弯，车辆可以快速通过，真是又方便、又安全。

过去，这种隧道建设往往需要几年甚至十几年。但如今的先进工程技术和设备，使隧道建设效率大大提高了。

百余年前，人们开掘隧道主要是靠人力，用炸药爆破。凿穿阿尔卑斯山圣艾特哈德铁路隧道是使用甘油炸药和悬臂架所挖掘的第一条铁路隧道。这条铁路在1882年通车。

如今，开掘隧道实现了机械化。大型的钻机、钻车、隧道掘进机效率很高，最快的TBM掘进机每天的掘进速度大约为120米，最大的TBM掘进机一次能凿穿8米宽的隧道，掘进效率是普通钻机的几十倍。

TBM掘进机的头部装有切削滚轮和牙齿，用滚轮、牙齿在岩石表面切削，切削下来的碎石、碎土块由掘进机内部的螺旋状输送机推向后方，然后靠输送带输送走，装进卡车送出洞外。

在隧道内壁由大型机器把石块、混凝土砌在内壁上，增加隧道内壁的牢固度，防止水渗入隧道。

●穿过江河、海底的水下隧道

水下隧道一般是由金属或混凝土管建成的，也有在水底挖掘而成的。香港与九龙之间修建了长 1.4 千米的海底隧道。这种隧道就是事先在工厂里加工混凝土管道，管道直径 5.4 米，长 100 米，然后再运到海上，沉到海底预先挖好的沟里，再填平沟。这种隧道施工较容易，上海浦江过江隧道也是用这种方法建造的。

英吉利海峡隧道，又称欧洲隧道。这条海底隧道是在海底挖掘而成，从英、法两海岸相向挖掘，最后凿通。这条隧道由三条隧道组成，两条是直径为 7.6 米的火车隧道，一条是直径为 4.8 米的服务隧道。全长 50.5 千米，其中有 38 千米隧道是修建在海底 40 米深的岩石中，整个工程用了 6 年时间。工程竣工后，隧道使隔断英伦三岛与欧洲大陆的天堑变通途，人们只要坐上被称为"欧洲之星"的高速列车，穿越海底隧道，从伦敦经巴黎到布鲁塞尔仅需 3 个小时。这条隧道每年可输送 3 000 万名旅客和 1 500 万吨货物。

意大利到西西里岛的海底隧道即将动工，这条隧道是悬浮式的海底隧道。这种隧道也使用工厂生产出的钢筋混凝土管子。这种管子很粗，有 42 米宽、24 米高。它既不下沉也不上浮，而是悬在海水中。用它建造的隧道具有很强的抗震能力。

世界上最长的海底隧道是日本的青函隧道，隧道全长 53.85 千米，其中海底就有 23.3 千米，最深部分在海面下 240 米，是一条双线铁路隧道。它穿过津轻海峡，把日本本州岛的青森和北海道的函馆连接起来。列车从海底通过津轻海峡只需大约 30 分钟，从前以轮渡过海则要长达 4 小时。青函海底隧道 1964 年开挖斜坑道，经过 24 年的施工，于 1988 年 3 月 13 日正式投入运营。

海　港

海港的形成和发展，与自然、政治、经济、气候等因素有关。同时，更与科技的发展相关联。在全世界临海各国的漫长海岸线上，有无数大大小小的海港，海港通过海洋把各大洲的国家联系在一起，促进了各国人民的交流和贸易发展。当前世界贸易总量的85%以上是通过海运完成的，也就是说，是通过这些港口完成的。

●海港风采

现代化的港口是船舶休整、补给的基地。远洋的舰船从这里装上足够的燃料、淡水及船员们的生活用品，装满了货物或载满了乘客在这里启航。过路的船舶在这里补充给养。回港的舰船卸下货物或水产品，维护船舶。因此，海港的设施多得数不清，海港的面积也大得很。

海港内设有伸向海中的栈桥和码头，码头岸边大型起重机林立，起重机忙碌地装卸着进出港的货物。乘船出行的旅客通过栈桥登上客轮。

现代化的集装码头上，不同大小的集装箱整齐地排列得像似整装待发的队伍。

海港内设有巨大的船坞，这里是进行船舶维修作业的地方。干船坞是一个带有闸门的大水池，和大海相通。当船舶通过闸门驶进船坞后，将闸门关闭，强大的抽水机抽干坞中的水，船正好落在坞中的排墩上，修船技术人员，可以自由地在船上船下进行修理作业。修好船后，打开闸门再向坞中放水，使船只慢慢浮起来驶出船坞。有的港口还有浮船坞。

海港内还设有进出港船舶导航机构和商品检验、检疫机构。海港附近还有医院、商店、电影院、停车场、饭店等服务机构，为来自四面八方的海员提供休息、娱乐的场所。有的大港口附近还有船舶制造厂。

●新科技支持海港运转

海港是一个现代高科技技术展示的地方。海港的无线电通讯系统、导航系统，集中了无线电、电子科技的最新成果，连接着四面八方的船舶，指挥着进港出港的船舶；海港的气象部门的最新的自动化仪器，准确地发布气象预报，为船舶的安全护航。

海港的货物装卸设施实现了机械化、专门化、自动化。比如，装卸不同的货物都有不同的专用码头，也有专用的自动化、智能化的专用设备。这些现代化设施使货物的装卸速度提高几十倍，甚至上百倍，节约了大量的劳动力，减轻了劳动强度。

例如：港口设有原油、矿石、钢材、木材、汽车、粮食、鱼肉以及集装箱和散装货物等专用码头，并各有相应的专用装卸设施。

在集装箱码头上，配备了集装箱岸桥、门座式起重机、轨道式龙门吊；各式各样的吊车全部是自动控制，不分昼夜地装卸货物。

在油气专用码头设有输送管道，管道通向油品库。

散货码头设有自动传送带，矿石从船上被传送到港口矿石库区，库区有铁道专用线，把矿石送往钢铁企业冶炼；在散装化肥码头还装有全封闭输送螺旋式卸船机等等。

海港的救援系统设置有先进的海事卫星通信系统，还有包括救险飞机、救险的船只、海上消防船只等先进的救援设备，以保护海港和海上船只的安全。

现代风帆船

进入20世纪后半叶，人类又面临新的问题，就是能源危机和环境污染。巨型轮船需要耗费大量宝贵的石油能源，排放大量的废气、废物，严重地污染大气和海面。而江河湖海上空源源不断的风力，属于可再生能源、洁净能源。于是，借助于风力的现代帆船，重新焕发了活力，各种新型帆船不断涌现。由于各种新材料和电子技术高度发展，现代新式帆船的构造和性能早已今非昔比了！

●各种新型帆船不断涌现

日本于1975年开始研究利用风力的风帆船，他们的研究一直处于领先地位。1978-1979年进行了船模试验，以选择风帆的最佳结构、类型和截面形状。1980年8月，日本建成世界上第一艘现代风帆油轮——1 600载重吨的"新爱德丸号"。

"新爱德丸号"装有2个高12.15米、宽8米的风帆，风帆用钢骨架和聚酯纤维制成。风帆的最佳角度、收拢和展开由电子计算机控制，通过液压系统操作。如果风力增大，当风速超过20米/秒时，风帆自动收折，确保航行安全。除了来自船艏左右两侧20°方向范围内的风力外，其他320°角度内来的风力都可利用作为推进动力。在充分利用风力推进的前提下，电子计算机能自动调节主机的功率输出。实践证明，现代风帆船比同类型的一般船舶节约燃料费用50%左右。而且，现代风帆船的稳定性提高，颠簸、摇摆和偏航都大大低于同吨位的普通船舶。此后，他们又接二连三地制造了许多风帆船，其中最大的为26 000载重吨。

日本风帆船下水航行，掀起了许多国家风帆船的研究浪潮。它们也紧随其后，纷纷制造出各种类型的帆船。其中最引人注目的，是法国制造的"翠鸟号"涡轮帆船，它的外型与传统帆船大不相同，船上安装着两面10米高、呈椭圆柱形的涡轮帆，它能更巧妙地利用风力前进。船运行的时候，在帆顶端的风扇快速运转吸入空气，使迎风和背风面之间产生压力差，带动发动机运转，从而驱动船前进。整个系统设计精巧，效率很高，全部由精密电脑控制，驾驶十分方便，是现代科学技术的结晶，现已投入批量生产。

英国一家风帆公司推出一艘万吨级"国际号"帆船，其特点是以5张大帆再辅以柴油机，节省能源最多达8成，很有竞争能力。

前苏联的巨型运输船"卓娅号"则是风帆面积最大的帆船，总面积达到1 400平方米，因而在较大的风力下航行速度竟可以与快艇媲美，令人赞叹不已！

美国造船专家设计制造出世界最大的帆船，这艘巨型帆船达 45 000吨，可完全适用于远洋运输。

荷兰制造的一艘超级豪华"荷兰号"帆船，船长100余米，形态优美，设计科学，在每秒10米的风速条件下，"荷兰"号也能达到时速15海里(即每秒接近8米)，这已经是接近风速的数值了，堪称现代最新科学技术的结晶。

英国制造出一种奇特的"轻气球风筝帆船"，这种风筝内充满了氢气，升入高空后，不仅可以利用不同高度的风力，还能借助浮力减轻船体重量。这种新式"风筝帆船"已经多次横渡英吉利海峡，吸引了很多观众。

飞速发展的尖端科技为古老的帆船插上了翅膀。目前，全世界已经建造了上百艘大型现代帆船，在节约能源和环境保护中起了重大作用。值得高兴的是，我国在1990年5月，建成第一艘电子控制的全自动3 000吨风帆货轮，标志着我国在新式帆船的研究和制造方面取得了新成果。

科学考察船

由于科学技术的原因，我们对海洋的了解和研究还很不够，甚至还没有我们对太空研究和了解得深刻。另外，在研究航天科学方面，我们也需要到广阔的海域去观测。所以，一些大小不一，在海水中、海面上进行科学考察研究的船舶应运而生，它们是科学家、科学技术人员研究、调查海洋及其他方面的工具。

●海洋流动的实验室

海洋科学考察船(或海洋调查船)有许多类型，排水量大小也不一样。综合性的调查船比较大，设备也齐全。也有专项的中型或小型调查船，它们的排水量小一些。

大型调查船可在全球90%以上的海域进行调查。它的结构坚固，平稳性、适航性、续航能力都比较优越，设备、设施齐全，可进行多学科、多方面的专项调查和综合调查。

科学考察船是一艘海上流动的实验室，船上设有实验室，气象室，极光、夜光观测室，宇宙线、电隔层观察室，地球磁场观测室，地震测试室，海洋物理和海洋化学、生物实验室，水中电视照相室，计算机室，资料室，图书馆，气球塔等，可供天文、气象、海洋、地球、地质等各方面观测和研究。

●我国的科学考察船

我国第一艘南极科考船"雪龙号"是从芬兰进口的运输船，进口之后在华东造船厂进行了一番改造，改造该船的费用和工期相当于建造一艘货船。这艘科考船船体短小，船型类似破冰船，可破冰前进。因为在南极是冰雪之海，如果不把船造得坚利是无法行驶的。所以船是双层壳体，水线下破冰装甲 30～50 毫米，非常坚硬，在 3～4 米的冰层海面上可放慢速度破冰航行。

我国自行设计建造的新型综合科学考察船"实验 1 号"是我国第一艘大型（2 000 吨级以上）小水线面双体船，也是我国第一艘小水线面综合科考船，同时也是是目前国内最先进的综合科学考察船。"实验 1 号"科考船全长 60 米，宽 26 米，排水量 2 560 吨，总吨位 3 071 吨，为钢质全焊接结构，能在 6 级以上海况下正常作业；可在近海、远洋进行水声、海洋物理、地质生物、海洋和大气环境等多学科的科学考察；"实验 1 号"续航力 8 000 海里，一次出航可以连续工作 40 天，无限航区；船上有 11 个不同种类的实验室，可以容纳 45 位科学家同时工作。

我国自行设计、建造的"远望号"航天测量船也是一种专用科学研究的船舶，它是在海上对洲际导弹、人造卫星和宇宙飞船等各种高速飞行器的各个飞行阶段进行跟踪、遥测、通信及指挥控制等工作的专用船舶。这艘船长 190 多米，最宽处 20 多米，满载排水量 2 万吨，航速达每小时 20 海里。这艘专用船舶平稳性很高，续航能力很强。可在南极至北纬 65°以内的任何海域执行航天测量任务。这艘航天测量船有 9 层舱室，共有 2 万多平方米，甲板上有 5 座高塔式天线设备，还有动力定位系统、遥测系统、通信系统、气象系统和指挥中心。

航空港

●航空港选址的要求

当你乘坐飞机时，往往要先乘坐一段其他交通工具，然后你才能达到航空港，航空港距离市区还真有一段距离。为什么航空港的选址要在那么远的地方呢？因为飞机这种交通工具，是一个令人生畏的庞然大物，它的起飞和降落都要有必要的条件。大型的飞机起降需要有几千米长的跑道，并且在起降时必须有净空的保证，因为这样才能保证飞机不和鸟类相撞，确保飞机的起降安全。因此，航空港选址还必须真有些特殊要求。

比如，必须选择在地面平坦开阔，利于跑道建设，且使飞机起降有净空保证的地方；必须要有良好的地质条件，以保证地基稳定；必须保证跑道沿盛行风的方向修建，利于飞机逆风起飞和降落；因机场占地面积大，飞机起降的噪音污染较大，所以必须保证与城市应有一定距离，并有快速交通干道连接等等。

由于这些特殊的要求，航空港的选址不能在市区，只能选在离市区较远的地方了。

●航空港的先进技术设施

航空港分为飞行区、客运服务区、机务维修区。每个区域都占有相当大的面积，为保障飞机正常起降、客货运输服务。

飞行区是保证飞机安全起降的区域。内有跑道、滑行道、停机坪和无线电通信导航系统、目视助航设施及其他保障飞行安全的设施。这里几乎都是先进技术装备起来的，塔台的地面指挥人员通过雷达荧屏和无线通话，可以了解即将降落和起飞的飞机情况，并及时下达指令，以指挥飞机的安全起降，保证飞机的安全。

客货运输服务区是为旅客、货主提供地面服务的区域。主体是航站楼或候机楼，此外还有客机坪、停车场、进出港道路系统等。

航空港的各种勤务设施24小时运转或待命，电台、导航台、气象台、塔台等24小时运转，以保证每个航班的安全起降。器材库、油库、氧气站、充电站、机务维修、特种车队等部门随时定期值班服务。

机场的特种车队拥有为飞机服务的特种车辆，如：高空作业车、牵引车、电源车、气源车、空调车、食品车、客梯等，它们穿梭于航空港内，为飞机和旅客提供服务。

机务维修区是飞机维护修理和航空港正常工作所必需的各种机务设施的区域。区内建有维修厂、维修机库、维修机坪，配有供水、供电、供热、供冷、下水等设施，和消防站、急救站、储油库、铁路专用线等。

随着信息技术的发展与完善，电子客票、自助值机、网上值机等业务的充分发展，对传统航空旅客服务是一种提升；而伴随着二位条码技术的实现以及电信业务的飞速发展应运而生的手机乘机登记服务技术则是一种新的变革。这也是未来航空站的发展方向。

旅客订购电子客票后，可在航班规定起飞时间前24小时至航班规定起飞时间前90分钟的时间段内，可随时随地通过手机上网办理乘机登记手续。使用手机办理完乘机登记手续后，手机中将会收到一个二维条码电子登机牌，旅客可凭此在航站楼任意通道办理安检手续并在登机口办理登机手续，真正享受从订票、支付、值机、安检、登机的全程无纸化服务。

小型飞机

●森林防护用飞机

森林的特点是面积大，大片的森林保护是非常困难的，森林保护用飞机在森林保护中起了非常大的作用，使森林保护进入了科技时代。

过去，由人来巡视森林，可想而知是多么困难的事，因为在森林里巡视几乎不可能使用任何交通工具。可现代的护林人员是乘坐着速度较慢的直升机或小型飞机在森林上空盘旋，借助飞机上的各种观察仪器、设备巡视森林，以查看森林的情况，并及时发现火灾险情及虫灾险情。上百平方千米的大片森林巡视的时间也不过是几十分钟，这种巡视既节约时间、人力，又观察得全面。

参与森林保护的飞机还有用于喷药灭虫的飞机和参与森林防火的飞机等。

喷药灭虫的飞机，上面有药剂喷洒设施，它能按要求自动将杀虫药剂均匀地喷洒在森林虫害区域。

森林防火飞机上面装有或携带水箱，一旦森林发生火灾，他们会很快起飞，把消防队员运送到火灾现场，或到取水点取水进行灭火。

现代护林人使用飞机进行防护森林工作，使得森林保护更具科学性。

●城市安全的保护神

城市的上空不时有小型飞机或直升机掠过，这是正在执行交通、治安、公共安全或医疗救护用的飞机。

都市面积大，各个城市间往往跨度有上百千米，且人口集中，高速公路连接着四面八方，因此在现代城市管理中困难重重。

警方为了更好地监视路面交通，或紧急处理高速公路交通事故，他们用直升机或小型飞机进行巡视，收集交通信息并把信息及时发回指挥中心。他们用直升机处理治安突发事件、运送警力。

大都市的医疗条件优越，为了及时抢救突发远郊病危重患，可以使用急救医用飞机，他们可以躲过道路上拥堵的车辆和人流，快速地把患者送往医院。这种直升机上设有抢救设施，患者登上了这种直升机就像进入了抢救室，可以在飞机上立即进行抢救，有效地争取抢救时间。

还有一些不常见的从事地质勘测、探矿的小型飞机；不时飞行在上空的航拍直升机；人工增雨、防雹、植树播种用的农用小型飞机等。

陆、海、空复合型交通工具

人们一直有着让汽车更快、甚至飞起来，让舰船开到地面上，或让车开到水里照样奔驰等等的想法。科学技术的发展，促进了新型交通工具的研究，也使人们的愿望变成了现实。这些新型交通工具具备了一些新的功能，虽然名字叫法不一，但工程师、专家们确实广泛地应用了新的技术，使这些交通工具有了两种或三种交通工具复合化的倾向。

军事上应用的两栖类交通工具水陆两用坦克是常见的军事装备，这种坦克可在陆地上奔跑如飞，横冲直撞；也可以不用桥梁，在水中涉水而过，有了更广泛的适应性。

被称为"里海怪物"的地效翼船（又称地效飞机），在低空可以飞行越过坡地、洼地和沼泽地，也可以在水上行驶。气垫船也是这样一种交通工具，这些交通工具在军事上得到了广泛的应用。

有人正在研究一种轿车飞机。这种轿车飞机既能在公路上奔驰，也可在空中飞行。当在公路上奔驰时，时速可达160千米，在空中飞行时能达到时速640千米。这种汽车飞机小巧灵便，机翼、尾翼可收起折叠。当收起机翼时就可以在城市街道上奔驰或停在车库里。轿车飞机内装有电脑自动驾驶装置，利用卫星导航系统，依照荧屏上的电子地图操纵轿车飞机。轿车飞机到了市郊可以像飞机一样飞行，它起飞时像鹞式垂直起升飞机一样，可以垂直起飞，无需机场、跑道，十分方便。在天上飞行时，它的尾喷嘴调转方向，向后喷气使飞机飞行。这种汽车飞机在来往城镇、城郊、城市与城市之间时十分方便，而且比汽车的速度要快好几倍。这种小型可乘坐几人的汽车飞机不久将面世。

日本的科研人员正在研制一种地下飞机，说它是飞机是因为它的动力采用了喷气式发动机，但它并不在空中飞行，而是在地底下管道中飞行。它好像是地铁，但是却不在钢轨上奔驰，从这点上说，它也是一个复合体式的交通工具。这种又像飞机又像地铁的交通工具，被人称为地下飞机。它不像飞机有长长的机翼，它的机翼又短又宽，在飞机的前部、后部两侧，它长约50米，高4米，分上下两层，可供400人乘坐。地下飞机在直径50米的大隧道内飞行。巨大的隧道内分上下两层，两个方向的地下飞机可以来往对开互不干扰。地下飞机的优点很多，因为它飞得很低，只是刚刚离开地面；它有故障时不会坠毁；因为在隧道内运行，不受外界气候干扰。因此它是快捷、安全的交通工具。

跨海地效飞船，既具备船的功能，又具备飞机的功能。飞机跨海飞行，由于起飞重量受燃料等限制，不能造得太大。但船载重大又受水的阻力影响，航行不能太快。把飞机快捷的优点和船载重大的长处结合起来，就能达到多装快跑的目的，跨海地效飞船就是这样理想的交通工具。这种地效飞船，外形是由类似船身式的双机身和两边的机翼组成，在机身上装有6台涡轮螺旋桨发动机。地效飞船可载几百吨货物，还可载客数百名。

黑匣子

● 黑匣子到底是什么东西呢?

黑匣子又称飞行自动记录器,它能记录飞机失事前30分钟内的多种数据资料,包括飞行速度、高度、航向、俯仰姿态、机内对话等。黑匣子通常有两个,一个是飞行数据记录器,另一个是驾驶舱话音记录器。

飞行数据记录器(Flight Data Recorder,FDR)主要记录飞机的系统工作状况和引擎工作参数等,内容包括空中飞行速度、高度、航向、发动机推力资料、俯仰与滚动资料、纵向加速度资料及许多参数资料。根据美国联邦航空局对飞行数据记录器的最低要求,必须包括压力高度、空速、磁航向、加速度及经过时间等五项。记录器是由马达带动的8条磁道,磁带全长约140米,可记录60多种资料,记录时间为25小时。

驾驶舱话音记录器(Cockpit Voice Recorder,CVR),又称通话记录器,仪器上的四条音轨分别记录飞行员与航空管制员的通话,正、副驾驶员之间的对话,驾驶员、空服员对乘客的广播,以及驾驶舱内各种声音(引擎声、警报声)。记录的时间约2小时,录完后,会自动倒带从头录起,若发生空难,之前的两个小时会被完整保留,并持续发出讯号(一般讯号期为30天),直到断电为止。

● 为什么叫黑匣子?

黑匣子的外部材质为钛钢金属,长50厘米、宽20厘米、高15厘米。其实,这种金属制作的"黑匣子"并非黑色,为了便于人们搜寻,它被涂上了鲜艳的桔黄色。"黑匣子"并不是根据其本身颜色命名的,而是人们视它为空难的不祥之物,故定名为"黑匣子"。还有其他两种说法:一说由于飞行记录器有神秘的感觉,故称以"黑"。另有一说表示,由于事故时,大火常会熏黑记录器。世界上第一个飞行记录器是由澳大利亚研究实验室的Dave Warren博士在1953年发明的。

● 黑匣子的安装

黑匣子通常安装在不易被火烧，也不易摔坏的飞机尾部，它能承受100倍于本身重量的载荷冲击和1吨的断裂载荷，而且经过一个月以上的海水、淡水和其他任何液体的浸泡而不受影响。当飞机失事后，黑匣子每分钟会发出一次讯号，一般讯号期有30天。但一般在20天后，讯号就会减弱，电池电力不足时，减弱时间也可能提早。除此之外，为了防止记录器内磁性记忆遭到电流或磁场破坏，飞行记录器也要具备抗外界电流、磁场的防护能力。所以，国际航空机构又规定了更加严格的标准，而且记录介质也从磁带式改进成为能承受更大冲击的静态存储记录仪，类似于计算机里的存储芯片。

黑匣子能为飞机事故的分析提供重要的情报依据，有时候也是唯一的依据，所以，在飞机失事后我们必须要寻找它。

航空反恐

● 高分辨的检测系统

现如今恐怖分子作案的手段花样不断翻新，各国政府也不得不在安检设备方面多下工夫。美国最新研制的机场安检系统从手指检测开始，首先判断旅客手上有没有毒品或者爆炸物残留物，接着是身份确认，看看机票登记的数据是否属实，最后经过全身扫描和鞋底扫描没有问题，旅客才能登机。另外一家公司推出了非接触全身检查系统，它不但能发现枪支和匕首等武器，还能检查出身上藏匿的塑性炸药和各种液体爆炸物，现在已经被欧洲的很多机场所采用。而新型的行李扫描器不仅能够探测到行李中的灌装液体是否属于危险品，同时还能在屏幕上显示出来提醒安检人员注意。

美国联邦航空局的专家们研制的自动探测系统，为检查旅客行李或形迹可疑的人创造了良好条件。无人操作的自动探测系统，可以及时发现旅客身上及携带行李中的武器、刀具等金属物。

专家们还研制了可探测爆炸物的中子活化探测器，这是利用感应元素的TNA探测系统。

我们知道所有的爆炸物，无论是用黑色炸药制成的炸弹，还是装有雷管或定时器、电池的黄色炸药制成的炸弹，或者先进的压力传感引爆的塑料炸弹，它们都有含氮的化合物。当未打开的行李被送进TNA系统中，比X射线的穿透力更强的中子能使行李中的元素发出特征射线。这些射线被检测器查觉，当即通知有决策程序的计算机，如果发现其中有氮元素就会发出警报。安检人员会将这件行李挑捡出来，送到安全地点接受进一步检查和处理，这种方法使任何爆炸物都不会逃出被检出的命运。

专家们还研制一种便携式气味检测装置，这种装置在行李周围吸进一些空气样品后，经过元素类型及浓度分析，就可以识别行李内部是否隐藏有爆炸物。有爆炸物时，仪器就会发出警报。

还有一种改进后的x射线探测仪，可以用来对付塑料炸弹，也可以检查隐藏的毒品。这种探测仪是用色彩及浓度直观地显示被检查的物品性质。如行李中有枪支，就会在仪器上显示绿色，有塑料炸弹则显示出橙色……

采用高科技手段的检测仪器，可以在机场的安全检查中，及时地把恐怖分子携带的枪支、刀具、爆炸物截获。

●火眼金睛的图像识别

有一些仪器则像火眼金睛一样，及时、准确地识别恐怖分子，将他们在登机前予以拘捕。

科学技术人员研究了简称为PARES的计算机图像识别系统。PARES的系统依靠称为"神经系统"的新技术。这种装置像人的大脑一样，具有许多相互联结的记忆"细胞"。这些"细胞"同时工作，像人的大脑一样识别判断。当计算机输入一张照片时，它可以显示出各种角度和各种照明条件下的256个面部特征，并将它们全部储存起来。当摄像机扫到一个人的脸型时，系统就会立即将它转换成一个表达式并与系统资料库中的资料一一加以比较。如果输入的和存储的资料相吻合，它就会立即发出警报。无论你如何化妆、戴假发、贴胡子都不会蒙混过关，都会被一眼识破。

天气预报

●天气预报的种类和内容

天气预报的种类很多，按预报地区的范围来分，有大范围的区域天气预报和局部范围的天气预报。我国各省区气象台发布的天气预报是属于区域预报。单站天气预报，是在收听气象台预报的基础上，结合当地实际天气演变情况、地理特点和天物象反应等作出的补充预报。

按预报时间的长短来分，有短期预报、中期预报和长期预报。对于短、中、长期在时间上大的划分，现在尚无严格规定。一般把1天到3天的天气预报叫做短期预报，3天到10天的预报叫做中期预报，超过10天的预报叫做长期预报。预报时间越短，要求预报的内容越要详细、具体。

按预报的内容和性质来分，有一般性预报、灾害性预报和专题性预报。一般性预报就是每天定时发布的天气预报。灾害性预报是指有灾害性天气影响时发出的预报。比如寒潮、霜冻、台风、暴雨、冰雹和久旱久雨等天气发生的预报。一般放在每天天气预报的前面发布，以引起人们的注意。形势紧迫的时候，可以提前发出紧急警报，使有关部门及时组织防御。专题性预报是指根据生产部门或单位的需要，专门制作的天气预报。比如渔业部门需要的大风预报；水利部门需要的汛期预报、暴雨预报；农业部门需要的初霜预报、墒情预报、农忙季节的天气预报等。

●气象专家们的助手

我们在看天气预报时，是晴是雨，温度多少等只是简单几句话，但作出预报却要经过相当复杂的过程。

首先是收集气象数据，从地面到高空，从陆地到海洋，全方位、多层次地观测大气变化，并将观测数据迅速汇集。

而收集各种数据大都是高科技的现代气象仪器，这些观测仪器都是根据现代气象科学及其他科学的最新成果制造出来的。例如：观测云量、海浪、大气运动等都是用气象卫星和气象雷达完成的，气象卫星和气象雷达，会及时地把观测结果传输到气象台。各地的气象台站大部分仪器都是自动化的。还有设在高山、大海海岛等无人值守的全自动化仪器，这些仪器都会及时地记录和传输信息。专家们坐在气象台里就可得到各方传送的观测数据。

专家通过计算机将收集到的数据进行处理和运算，得到天气图、数值预报图等产品，为预报员提供预报依据。最后专业人员对数据进行分析，作出初步预报。

天气预报的方法有很多，最常用的有两种。一种是传统的天气学方法，就是对天气图上的各种气象要素进行分析，从而作出天气预报。另一种是数值预报方法，它是靠计算机"算出来"的。由于大气的运动遵循一些已知的物理定律，可将大气运动状态写成一组偏微分方程，给出初值（大气的当前状况），就可求解出方程组随时间变化的变量值，据此得到大气的未来状况。

无论是天气学方法，还是数值预报方法，都存在一定的局限性，预报结论也不尽相同。这时，预报员根据理论知识、积累的经验和相应的智慧，有时还通过多人会商，得出相对比较可靠的预报意见，但这种天气预报并不是十分精确的。大气运动十分复杂，影响天气的因素也十分复杂，目前人们对大气的变化还不能了如指掌，所以预报只是可靠而已。

厄尔尼诺现象

●厄尔尼诺的成因

"厄尔尼诺"现象是指南美赤道附近（约北纬4°至南纬4°，西经150°至90°之间）幅度数千千米的海水带的异常增温现象。

正常情况下，由于热带海洋地区接收太阳辐射多，因此，海水温度相应较高。在热带太平洋海域，由于受赤道偏东信风牵引，赤道洋流从东太平洋流向西太平洋，使高温暖水不断在西太平洋积聚，因此，那里成为全球海水温度最高的海域，其海水表面温度达29℃以上。

相反，在赤道东太平洋海水温度却较低，一般为23℃~24℃，由于海温场这种西高东低的分布特征，使热带西太平洋呈现气流上升、气压偏低，热带东太平洋呈现气流下沉、气压较高的现象。

当厄尔尼诺现象发生时，由于赤道西太平洋海域的大量暖海水流向赤道东太平洋，致使赤道西太平洋海水温度下降，大气上升运动减弱，降水也随之减少，造成那里严重干旱。而在赤道中、东太平洋，由于海温升高，上升运动加强，造成降水明显增多，暴雨成灾。这就是厄尔尼诺现象。

厄尔尼诺现象的基本特征是太平洋沿岸的海面水温异常升高，海水水位上涨，并形成一股暖流向南流动，它使原属冷水域的太平洋东部水域变成暖水域。至于厄尔尼诺形成的原因，大多科学家认为是海洋和大气相互作用不稳定状态下的结果。

这其中有两大方面的因素：一是自然因素。赤道信风、地球自转、地热运动等都可能与其有关；二是人为因素。科学家们认为，人类的活动使地球温室效应增加、自然环境的日益恶化导致了厄尔尼诺现象的发生。

●厄尔尼诺现象影响全球气候

厄尔尼诺现象发生时，由于海温的异常增高，导致海洋上空大气层气温升高，破坏了大气环流原来正常的热量、水汽等分布的动态平衡。赤道太平洋中东部地区降雨量会大大增加，造成洪涝灾害，而澳大利亚和印度尼西亚等太平洋西部地区则干旱无雨。这一海气变化往往伴随着出现全球范围的灾害性天气：该冷不冷、该热不热，该天晴的地方洪涝成灾，该下雨的地方却烈日炎炎焦土遍地。

据不完全统计，20世纪以来出现的厄尔尼诺现象已有17次。发生的季节并不固定，持续时间短的为半年，长的一两年。强度也不一样，1982-1983年那次较强，持续时间长达两年之久，使得灾害频发，造成大约1 500人死亡和至少100亿美元的财产损失。

厄尔尼诺现象给全球带来全球气候异常，导致巨大的灾难，这种反常现象可持续几个月，严重扰乱正常的气候，危害太平洋沿岸有关国家的农牧渔业生产。譬如，在1982-1983年的冬季，生活在秘鲁沿海太平洋中的鳀鱼纷纷逃向大海深处，使原本丰富的渔业资源一落千丈，该国的捕鱼业顿时破产。同样，在1983年，澳洲和印度尼西亚备遭干旱和沙暴的折磨。飓风恣意袭击玻利尼西亚，而在平常年份该群岛并无这种灾祸。

我国东临太平洋，厄尔尼诺对我国气候影响也十分明显，受厄尔尼诺影响发生的自然灾害也比较严重。发生厄尔尼诺现象时，登陆我国的台风明显减少，夏季风较弱，季风雨带偏南。因此，南方发生洪涝；北方易发生高温、干旱。如：1997年强厄尔尼诺发生后，我国北方的干旱和高温十分明显。1998年遭遇的特大洪水，厄尔尼诺便是最重要的影响因素之一。

地震预报

人类很早以前就遭受过地震的灾难，并对地震这一现象进行探索，力求认识地震灾害的现象，探索地震的成因过程，找到地震发生的规律，以寻求抗灾的途径和办法。现在我们更企盼，如果我们能像预报天气变化那样预报地震，用科学的方法对未来地震发生的时间、地点和强度做预先的科学估计，那地震灾害的损失，特别是地震对人身的伤害，就会减少到最小限度。

但是，由于多种原因，长期以来，人类对地震的探索和研究进展缓慢，只是停留在认识地震现象这一浅表的阶段，无法深入下去。

地震多是在地表以下十几千米至几十千米的地壳内部发生的，目前，人类还无法进入这样的深度了解地壳内部的结构及其变化。即或可以通过仪器探测地壳内部的结构和变化，但是，这对认识地震还是远远不够的。这就为人类探索地震的成因，以及掌握地震发生的规律带来许多难以克服的困难。

另外，地震是宏观自然界中大规模的深层变动过程，其影响因素极其复杂，究竟有哪些因素和地震有关联，这些因素与地震的关联度数值是怎样变化的等等，我们知之甚少，因此也阻碍了我们对地震的认识。

还有，研究人员企图用总结过去地震发生的规律，用数学统计的方法，或研究地震前兆的异常现象来认识地震发生的规律，这些方法的准确性都是不可靠的。因为，如果用数学统计方法，就必须收集广大地域的真实的、原始的相关的数据，而这是很难的。一是我们还搞不清哪些数据是和地震相关的数据，二是往往是因收集数据的片面性和不准确性，而使我们对地震的认识产生偏差。

至于地震的先兆现象，也存在着不确定性，我们还无法确定哪些先兆和地震有关联性，以及怎样排除各种因素的干扰。例如：动物的异常反应，青蛙大群迁徙不一定是地壳活动的迹象，影响青蛙迁徙的因素还可能是气象的因素，也可能是环境的因素，也可能是食物因素等等。

从地震探究的历史看，人类探索地震的历史也是比较短的。尽管距今1 900多年前，我国东汉时代的张衡就曾发明了地动仪，但是，探索地震必须以现代科学技术为支撑。因此，人类真正开始研究地震应该是二战以后。在这么短的时间内，对于这样一个复杂自然现象的研究，不可能取得很大的成果，所以，人类探索地震的道路还是很长的。我们也相信人类终将攻克这个难题，真正认识地震这一自然现象。

火山活动的监测和预报

●火山喷发前的征兆

板块运动使得岩浆生成并上升，流出地面造成火山。而我们所能看得到的火山活动，只是从岩浆流到地面上开始到活动停止这一段期间的各种现象而已。

据科学家研究，火山运动和地球内部熔融之流质带动板块运动及一些其他因素有关系。但现在还不能说人们对火山的活动有明确的认识。

不过，科学家们对火山喷发前征兆的认识还比较一致。

火山喷发往往几个月前就能有征兆。

地形变化。由于火山爆发前，地下岩浆在活动，产生地应力，使地面起伏有所改变。例如阿拉斯加卡特迈火山于1912年爆发前，其周围甚至远距十几千米以外，突然出现许多地裂缝，从那里冒出气体，喷出灰沙。1978年吉布提阿法尔三角区的阿尔杜科巴火山爆发前，突然出现高达百米的突起。但在冰岛克拉夫拉火山于1980年10月爆发前，地面却发生沉降，这也与岩浆转移有关。

火山爆发前常有微震，设置在那里的地震仪能监测到。一般在活动火山的周围均设有地震站。如圣海伦斯火山周围有13个，圣海伦斯火山在1980年5月大爆发前曾监测到每天3级地震达30次之多。

火山上的冰雪融化。许多高大的火山常年处于雪线以上，爆发前由于岩浆活动、地温升高，火山上的冰雪融化预示将要爆发。如圣海伦斯、科托帕克希、鲁伊斯等火山均有此现象，融化的雪水甚至造成泥石流或山洪爆发。

火山发出隆隆的响声。由于岩浆和气体膨胀，尚未冲出火山口时的响声，预告喷发即将来临。

火山气体异常。在火山附近经常取气体样品分析，不正常的气体增加，表示火山爆发前某些火山气体已"先行"了。

火山附近的水温、地温升高。火山喷发前温度一般都升高，可以监测得到。

动物异常。和地震的情况相似，有些动物会表现出烦躁不安的神态。

海洋盐度改变。

●高科技帮我们监测火山活动

为了准确、及时预报火山喷发，科学家们一直在不懈地努力，并成功地对一些大爆发作出了准确的预报。如1979年在圣海伦斯山的北坡产生过一个圆丘，1980年5月18日大爆发前，该圆丘竟以每天45厘米的速度增长。美国在此周围设有13个观测站，最终准确地作出了预报，而火山的爆发就是从掀去这个圆丘开始的。

世界上最活跃的火山都有监测火山活动的观测站，它们用于监测火山，在火山可能爆发的时候通知和撤离周边的人们。近年来对火山喷发的高密度监测得到了一系列完整的时间序列数据，使科学家对几次即将发生的喷发及时发布了警报。

由于新技术的不断出现，许多新技术用于火山的监测、预报。诸如宽频带地震学、卫星观测地形形变、火山气体野外研究中光谱仪技术等。特别是计算机计算能力和运算速度的提高，都使预报水平不断提高，并且促进了数据传输、数据分析和模拟技术的改进。火山样品的分析研究、实验推演和理论模拟使得对岩浆系统的动态变化认识正在不断深化，同时给出了能解释火山现象的物理结构。

灾害性火山预报正在变得更加定量化，是以对机理过程的物理学理解为基础的。预报正在从经验模式的识别转变为以火山深部动力学模型为基础的预报。高度非线性关系和复杂的力学与动态过程的耦合导致了火山行为的多样性。由于本身固有的不确定性和非线性系统的复杂性，准确预报通常是做不到的。所以，火山喷发和灾害预报要用不确定性的可能性术语来表达，还不能用精确的预报语言。

海啸预警

● 海啸的成因与危害

海底地震是海啸发生的最主要原因。在深深的海底，地震的发生要比陆地上频繁得多。据统计，全球80%的地震都集中在幽深的海底，特别是在环太平洋地震带尤为多见。

海底发生地震时，海底地层发生断裂突然变形，部分地层出现猛然上升或者下沉，由此造成从海底到海面的整个水层发生剧烈"抖动"。这种"抖动"会产生极大的能量，并迅速向四面八方传递，在到达沿岸时，由于水深变浅，海水形成高达几十米的巨浪向岸边拍去。由于海啸是海水整体移动，因而海啸产生的波浪比通常的波浪大得多，因而它的破坏力也大得多。据有关专家分析，海底地震每年释放的能量，足以举起整座喜马拉雅山，其爆炸力可与10万颗原子弹相比。

产生海啸的海底地震多半是表现震源断层为倾滑的地震；地震震源区海水较深的海底地震；地震震级较大的海底地震。

剧烈震动之后不久，巨浪呼啸，以摧枯拉朽之势，越过海岸线，越过田野，迅猛地袭击着岸边的城市和村庄，瞬时使人们消失在巨浪中。港口上的所有设施，被震塌的建筑物，被狂涛洗劫一空。海啸过后，海滩上一片狼藉，到处是残木破板和人畜尸体。地震海啸给人类带来的灾难是十分巨大的。

● 海啸预警

目前，人类对海啸突如其来的灾变，还不能准确地预报，特别是发生在离海边近距离的预报更是有困难，这个原因是人们目前还不能准确地预报地震。但通过一定的高科技手段，通过观察和预测，也许会预防或减少它们所造成的损失。有专家称海啸预警早一分钟可挽救千万人生命。在大地震之后如何迅速地、正确地判断该地震是否会激发海啸，这仍然是个悬而未决的科学问题。尽管如此，根据目前的认识水平，仍可通过海啸预警为预防和减轻海啸灾害做出一定的贡献。

预警机制通过各种不同的地震监测系统获取地壳运动的信息，并通过电脑模拟出海啸可能形成的地点及移动方向。通过模拟运算的结果，结合海潮感应器对海潮流动数据的实时更新，预警系统可以提前向可能遭受海啸袭击的国家通报海啸的规模、移动速度、可能袭击的区域以及预计到达的时间，使当地政府能够提前采取预防措施，减少海啸造成的人员伤亡和经济损失。

国际海啸预警系统是1965年开始启动的，此前的1964年阿拉斯加一带海域发生了里氏9.2级的地震，地震引起的巨大海啸袭击了大半个阿拉斯加。海啸发生后，美国国家海洋和大气局开始启动这一研究。太平洋地震带的一些北美、亚洲、南美国家、太平洋上的一些岛屿国家、澳大利亚、新西兰、法国和俄罗斯等国都先后加入。中国在1983年加入该系统。后来印度政府也宣布加入太平洋26国的预警系统并在国内投资建立海床压力监测系统来预测海啸发生。

国际海啸预警系统一般是把参与国家的地震监测网络的各种地震信息全部汇总，然后通过计算机进行分析，并设计成电脑模式，大致判断出哪些地方会形成海啸，其规模和破坏性有多大。

基本数据形成后，系统会迅速向有关成员国传达相关警报。而一旦海啸形成，该系统分布在海洋上的数个水文监测站会及时更新海啸信息。

台风预报

● 台风的成因

热带海面受太阳直射而使海水温度升高，海水蒸发成水汽升空，而周围的较冷空气流入补充，然后再上升，如此循环，必将使整个气流不断扩大而形成"风"。由于海面广阔，气流循环不断加大直径乃至加大到数十千米。由于地球由西向东高速自转，致使气流柱和地球表面产生摩擦，由于越接近赤道摩擦力越强，这就引导气流柱逆时针旋转（南半球系顺时针旋转），由于地球自转的速度快而气流柱跟不上地球自转的速度而形成感觉上的西行，这就形成我们现在说的台风和台风路径。

台风源地分布在西北太平洋广阔的低纬洋面上。西北太平洋热带扰动加强发展为台风的初始位置，在经度和纬度方面都存在着相对集中的地带。在东西方向上，热带扰动发展成台风相对集中在中国南海海面、菲律宾群岛以东琉球群岛附近海面、马里亚纳群岛附近海面、马绍尔群岛附近海面4个海区。

● 台风的是非

台风是一种灾害性天气系统，如果台风登陆，在台风经过之地，会给那里的人们带来一场灾难。以前人们对台风不甚了解，都惧怕台风。

现代气象学家研究台风，认为台风了除了给登陆地区带来暴风雨等严重灾害外，也有一定的好处。

据统计，包括我国在内的东南亚各国和美国，台风降雨量约占这些地区总降雨量的1/4以上，因此如果没有台风，这些国家的农业困境不堪想象。此外台风对于调剂地球热量、维持热平衡更是功不可没。热带地区由于接收的太阳辐射热量最多，因此气候也最为炎热，而寒带地区正好相反。由于台风的活动，热带地区的热量被驱散到高纬度地区，从而使寒带地区的热量得到补偿。如果没有台风就会造成热带地区气候越来越炎热，而寒带地区越来越寒冷。自然地球上温带也就不复存在了，众多的植物和动物也会因难以适应而将出现灭绝，那将是一种非常可怕的情景。

●台风预警

当代的科技发展可以准确地发现台风形成、运动过程，因此，就可以准确地对台风的影响作出预报。

为了减少台风给人类造成的灾难，现代的气象预报完全可以对台风作出准确的预报，以使台风经过的地区做好准备，这样就可以使台风造成的损失降到最低。

气象卫星和雷达是探测台风的主要手段。在卫星云图上，气象卫星能清晰地看见台风的存在和大小。利用气象卫星的资料，可以确定台风中心的位置，估计台风强度，监测台风移动方向和速度以及狂风暴雨出现的地区等。当台风到达近海时，还可用雷达监测台风动向。

建立城市的预警系统，提高应急能力，建立应急响应机制，通过电视、广播等媒介为公众服务，及时发布台风预报或警报是减轻台风灾害的重要措施。

气象学家在台风预报时，采用了标准化和科学的方法，根据编号热带气旋的强度和登陆时间、影响程度，把台风警报标准分为台风消息、台风警报、台风紧急警报等三种，并设计出台风预警信号图标。规定了台风白色预警信号、台风蓝色预警信号、台风黄色预警信号、台风橙色预警信号、台风红色预警信号等5个等级。

地球会不会爆炸

●地球的内部结构稳定表明不可能发生爆炸

一般地认为，地球内部被分为地壳、地幔和地核三层。地壳是地球最外面的一层，表面凸凹不平，是一层坚硬的岩石圈。实际上由多组断裂的、大小不等的块体组成，厚度并不均匀，大洋下的地壳厚度约为6千米，而陆地下的地壳厚度约为34千米。地幔厚度约2 900千米，主要由致密的造岩物质构成，里面充满了炽热的岩浆，是地球的主体部分。地核由固态的金属内核和液态的金属外核组成，它们由铁、镍等构成，地核的直径达6 900千米，是地球中温度最高的部分。地球经过许多亿年的演化才呈现出现在的面貌。但地球从形成以来，就始终处于不断的变化和运动之中，并保持着动力学上的平衡状态。即使在演变过程中，释放出难以想象的巨大能量，也没有发生过爆炸，在其内部结构已相对稳定的今天，就更不可能发生爆炸了。

●地球本身并不存在爆炸的任何条件

大家知道能释放出巨大能量的不外乎是核爆炸。原子弹利用了放射性物质发生核裂变的链式反应，氢弹是通过氢元素的核聚变来释放大量能量的。但是，在地球上并不存在自然产生这两种核爆炸的条件。具有放射性的铀、钍等元素在地球上只有百万分之几，而且以纯度不高的状态散布。人们要制作原子弹必须利用高科技手段使其浓缩，然后才能触发出裂变链式反应，在自然条件下根本不可能产生这样的反应。同样，氢元素的核聚变也需要特定的条件，地球包括其内部都没有与此相适应的天然条件。可见地球本身并不存在爆炸的任何条件。

●某些外因也不能引发地球爆炸

地球上的火山爆发、地震、造山运动等释放了相当惊人的巨大能量，但这只不过是地壳的构造活动，它能部分改变地壳的现状，造成地壳的隆起和沉陷，使沧海变成高山，平地变为海洋，但并不能造成地球爆炸。这种地壳构造活动自地壳形成以来从来就没有停歇过，地球都没有发生过爆炸，今后也不会发生。

某些外因虽然也可能诱发地球解体，但这与地球爆炸绝不相同，而且这样的外因也并不存在。由于宇宙空间巨大，天体之间的空间距离相当大，要使它们相遇并接近的概率微乎其微，这一可能目前是完全可以排除的。足够大的天体对地球的碰撞也有可能造成灾难性的后果，但也不会发生地球的爆炸。以现有的科学技术水平来看，人们完全有把握像预报彗木相撞事件那样，对星际空间内天体与地球相撞作出准确的预报，人类也会设法采取相应的应急措施，我们完全不必杞人忧天。

所以，地球并不存在爆炸或解体的内外部条件，我们仍然可以在这片人类生存的乐土上创造更加美好的未来。

未来地球危机

● 磁极互换

地球60亿年的历史长河中，磁极曾互换过好几百次，致使气候发生重大变化。比如说，1.2万年前发生的最后一次冰川作用使得许多动物死于非命。地球物理学家称这次是因为两极部分改变位置，它们离开"原来呆惯的地方"仅2 000千米，而后又回到了原来位置。

如今，两极又重新上了路。据俄罗斯中央军事技术研究所的仪器记录表明，地球的北部磁极10年间移动了几百米。俄罗斯斯科学家称，由于两极的"位移"，磁场便会变小。可正因为有了磁场，地球表面方可逃避太阳辐射的致命伤害。

● 规模火山喷发

另一大灾难为：可能有20座左右1 000至2 000年来一直没有活动的

大型火山会突然喷发。人们担心的还不只是个别火山的喷发，而是大批火山同时活动。就像2.51亿年前的那种大规模火山喷发毁掉了地球上的所有生命，当时喷发出来的熔岩几乎覆盖了整个现在的西伯利亚。熔岩从巨大的裂缝喷发出来，弄得整个大气层都是毒气和灰烬。俄罗斯科学家发出警告，说地球内部又有可能在准备类似的可怕举动，而且紧跟着熔岩喷发还会发大水。

●小行星砸向地球

根据数学家计算的结果，地球将来有可能会被"天外来客"30层楼房般大小的碎片砸中，如同遭遇空难一样。可现在对此还重视不够。几百万年前地球就曾遭受过如此无情的"轰炸"，137处"星伤"中有26处直径达300多千米，比当今的任何一座城市都大。现在天文学家一直在留心观察3万颗太空星体，不过最可怕的是除了它们之外还有不少因被太阳光吞没而肉眼无法看到的隐形彗星，而这种彗星绝不少于3 000颗。

●太空尘

有可能从另外一个星系向我们的地球刮来大量的尘暴。为什么？先前太阳的磁场是把宇宙尘往外推，为本星系的星球起到一种保护伞的作用。可后来太阳内部像是出了点问题，使得它现在像一台吸尘器将那些充电微粒都吸引过来，而且是越来越多。据欧洲航天局统计，最近几年来太阳系周围的这种微粒增加了一倍还多，仅落入地球大气层的每年就有4万吨。如果这些微尘在太阳周围形成厚厚一层云彩，它便会吸收热辐射，其结果是正如俄罗斯天文学家所说的：地球就有可能再次面临冰期。

●超新星爆炸

宇宙还会面临一种有如热核炸弹产生的γ闪爆的致命辐射，只是它比热核炸弹产生的威力和带来的破坏要大得多，因为是在超新星爆炸后产生的这种γ闪爆。有一种说法，认为地球上生命进化之所以会有所改变正是因为有这些闪爆。科学家认为，每500万年这些太空辐射会毁灭地球上的居民一次，恰恰现在已接近下一次灾变爆发时间。碰到这种时候，太空中布满了不让阳光通过的毒云，而硬紫外线流则将对地球施行狂轰滥炸。为了测定这种危险，科学家往太空发射了γ射线望远镜。

●人工病毒

从美国科学促进协会年会透露的消息说，科学家们在未来5年将有能力制造出完全人造的病毒。这种人造的合成微生物可以帮助科学家对动植物进行基因改造，并帮助治疗人类疾病。然而，如果这种技术遭到滥用的话，它也可被用于生产生化武器，而人类社会对此将毫无防范之力。

海洋石油污染

●石油污染是一种怎样的污染？

石油漂浮在海面上，迅速扩散形成油膜，可通过扩散、蒸发、溶解、乳化、光降解以及生物降解和吸收等进行迁移、转化。

多达几十万吨的溢油，一旦进入海洋将形成大片油膜，这层油膜将大气与海水隔开，减弱了海面的风浪，妨碍空气中的氧溶解到海水中，使水中的氧减少。同时有相当部分的原油，将被海洋微生物消化分解成无机物，或者由海水中的氧进行氧化分解，这样，海水中的氧被大量消耗，使鱼类和其他生物难以生存。

●给海洋生物带来怎样的危害？

油类可沾附在鱼鳃上，使鱼窒息；抑制水鸟产卵和孵化，破坏其羽毛的不透水性，降低水产品质量。油膜形成可阻碍水体的复氧作用，影响海洋浮游生物生长，破坏海洋生态平衡，此外还可破坏海滨风景。

例如，1991年的海湾战争造成的输油管溢油，使200多万只海鸥丧生，许多鱼类和其他动植物也在劫难逃，一些珍贵的鱼种已经灭绝，美丽丰饶的波斯湾变成了一片死海，海洋石油污染对海洋生态系统的破坏是难以挽回的。

对海洋生物造成的长期危害往往需要经过几十年或者更长的时间才能被发现。在研究海洋食物链中的有机化合物时人们发现，各种结构的石油烃一经被某种海洋生物吸收，性质就会变得十分稳定，在食物链中循环而不再被分解。海洋食物链中不仅可以保存石油烃，还能浓缩石油烃，直到具有毒效的程度。尤其是在用消油剂处理海面油污时，或在风浪的作用下，能将石油分解成易于被许多种海洋生物吸收和消化的小油滴。海洋生物吸收了这些小油滴以后，石油便会通过食物链进入人们食用的经济鱼、虾、贝体内，而最终它们会把石油成分中的长效毒性物质如致癌物质带容易入人体，危及人类健康。

●石油污染的治理

对海洋、江河、湖泊石油污染治理，目前仅限于化学破乳、氧化处理方法进行分解处理和机械物理的方法进行净化吸附。清除海洋、江河、湖泊石油污染是非常困难的。防止油水合二为一的唯一选择是喷洒清除剂，因为只有化学药剂才能使原油加速分解，形成能消散于水中的微小球状物。清除水面石油污染还有一些物理方法，如用抽吸机吸油，用水栅和撇沫器刮油，用油缆阻挡石油扩散。

对收集上来的污水以及石油工厂排出来的石油污水，要采用生物处理法。生物处理法也称生化处理法，是处理废水中应用最久、最广和相当有效的一种方法。它是利用自然界存在的各种微生物，将废水中有机物进行降解，达到废水净化的目的。

清除石油污染任重而道远，只有提高全社会的环保意识，才能真正地还蔚蓝于大海。

温室效应

●什么是温室效应？

温室效应又称"花房效应"，是大气保温效应的俗称。主要是大气中二氧化碳等气体含量的增加，阻止地球热量的散失，使地球发生可感觉到的气温升高。这种"阻止"是指透射阳光的密闭空间由于与外界缺乏热交换而形成，就是太阳短波辐射可以透过大气射入地面，而地面增暖后放出的长波辐射却被大气中的二氧化碳等物质所吸收，这时大气中的二氧化碳就像一层厚厚的玻璃，使地球变成了一个"大暖房"，这就是有名的"温室效应"。

● 全球变暖后，气温将升高到多少度？

正常情况下，二氧化碳约占大气总容量的0.03%。自工业革命以来，人类向大气中排入的二氧化碳等吸热性强的温室气体逐年增加，它在大气中增多的结果是形成了一种无形的"玻璃罩"，使太阳辐射到地球上的热量无法向外层空间发散，其结果使地球表面变热起来。另外，人类活动向大自然排放的其他与温室效应有关的气体还有：氯氟烃、甲烷、低空臭氧和氮氧化物等。

科学家已经预测，如果大气中二氧化碳含量比现在增加一倍，全球气温将升高3℃~5℃，两极地区的气温可能升高10℃，气候将明显变暖。人类活动所排放的二氧化碳中的25%是被海洋吸收的，但是，由于气候变暖等原因造成海水吸收二氧化碳能力下降，使得海洋不仅不会吸收大气中新出现的二氧化碳，还会向大气中释放过去"储存"的二氧化碳。海洋向大气"回放"二氧化碳的现象在21世纪将持续下去，并将有所加剧，这不能不引起人们的思考与关注。

随着全球气温升高，一些灾害也将出现，比如某些地区雨量增加，某些地区出现干旱，沙漠化面积增大，飓风力量增强且出现频率提高，自然灾害加剧。更令人担忧的是，由于全球气温升高，将使两极地区冰川融化，海平面升高，许多沿海城市、岛屿或低洼地区将面临海水上涨的威胁，海洋风暴增多，甚至被海水吞没等。

● 保护我们的地球

为减少大气中过多的二氧化碳，一方面尽量节约用电（因为发电要烧煤），少开汽车；另一方面我们要保护好森林和海洋，不乱砍滥伐森林，不让海洋受到污染以保护浮游生物的生存。因为地球上可以吸收大量二氧化碳的是海洋中的浮游生物和陆地上的森林，尤其是热带雨林。我们还可以通过植树造林，减少使用一次性方便木筷，节约纸张（造纸用木材），不践踏草坪等行动来保护绿色植物，使它们多吸收二氧化碳来帮助减缓温室效应，以平复地球气温的波动。

城市热岛效应

●热岛效应产生的原因

城市热岛的本质，在于使不露土的大都市不能正常地进行呼吸。近些年，随着城市化建设的高速发展，热岛效应不仅使城市的气候发生了变化，还带来严重的污染，成为影响大都市环境质量的重要因素。主要表现在：

在城市里，人们大量燃烧石油、煤气、煤炭等燃料，燃料中的化学能大部分转换成机械能、电能，其余则转化成热能，直接释放到空气中。

城市里有大量的汽车，每天要排放大量的尾气，这些尾气的温度都在100度以上，这就大大提高了城市的气温。

城区大量的建筑物和道路构成以砖石、水泥和沥青等深色材料为主，在白天大量吸收太阳辐射热。到了夜间，建筑群和路面则逐渐散热，使城市的气温不会降得很低。

另外，由于空气中存在着大量烟尘和各种温室气体污染物，因而在城市上空形成了云和雾，大部分冷空气就被阻挡在城市外。

这些特殊的原因就使城市形成了一座热岛，使得城市气温比郊区高。

●减少或防止城市热岛效应的产生

一是实施城市及周边环境绿化工程：对街心公园、屋顶和墙壁进行高效美观绿化；同时把消除裸地、消灭扬尘作为城市管理的重要内容；统筹规划公路、高空走廊和街道这些温室气体排放较为密集的地区的绿化；建设若干条林荫大道，逐步形成以绿色为隔离带的城区组团布局等来减弱热岛效应。

二是在现有条件上：应控制使用空调器，提高建筑物隔热材料的质量；建设环市水系，改善市区道路的保水性能，实施"透水性公路铺设计划"；提高能源的利用率，改燃煤为燃气；合理地规划城市人口居位区域。

城市热岛给人们带来的危害的确不小，但若能够正确的利用已有的技术，控制城市的过快发展，合理规划城市，这个问题并非不可解决。

淡水资源危机

弱水三千，吾取哪瓢饮？

全世界每6个人中，就有一个因无法获得安全的淡水而饱受折磨，总人数超过了11亿！

联合国环境规划署的数据显示，如按当前的水资源消耗模式继续下去，到2025年，全世界将有35亿人口缺水，涉及的国家和地区将超过40个。

2009年1月，瑞士达沃斯世界经济年会报告警告说，全球正面临"水破产"危机，水资源今后可能比石油还昂贵。

我国淡水资源总量为28 000亿立方米，占全球水资源的6%，居世界第4位，但人均只有2 200立方米，仅为世界平均水平的1/4，在世界上名列121位，是全球13个人均水资源最贫乏的国家之一。

我国的华北、西北、东北和黄淮海平原地区的6 300多万人饮用水含氟量超过生活饮用水卫生标准，造成驼背、骨质疏松、骨变形，甚至瘫痪，丧失劳动能力。

●导致淡水危机的原因

主要有气候变化、森林植被减少、人口增长、水污染日益严重、水资源浪费，以及水资源开发与管理不善等。这样，缺水将制约经济发展；水资源危机带来的生态系统恶化和生物多样性被破坏，将严重威胁人类生存；同时，水危机也威胁着世界和平，围绕水的争夺很可能会成为地区或全球性冲突的潜在根源和战争爆发的导火索。

植被减少、天气干旱、过度开采等，不仅造成大量水库、河流、湖泊干涸缺水，亦造成地下水资源的下降，形成恶性循环。世界上天然湖泊在不断消失，数量不断减少；往日的汩汩河流干涸，河流的数量和干涸的里程在不断增多；过度开采造成地下水资源严重失衡。

在水资源日趋严峻的情况下，世界性水资源污染却十分严重。由于人类对森林资源破坏性的滥伐，工业发展后的废水的大量排放，生态平衡人为的破坏和不断毒化、污染，人口数量的不断增多，世界性水资源污染的问题日益严重，真正可供人类饮用的水在惊人地减少。

现代工业、农业、科技发展的频率在不断加快，这给人类社会的发展和进步提供了物质的条件。然而随着现代化城市的发展与工农业的增长，人类的用水量亦呈直线上升趋势，而且这种直线上升的趋势将会随着经济的发展而难以遏制，其势头将会越来越强劲。

保护淡水资源，世界在努力

解决淡水紧缺问题有很多途径，核心原则是"开源节流"：地表水资源较丰富地区，可建储水工程；地表水资源贫乏地区，可实施跨流域调水、海水和苦咸水淡化，此外还有废水利用、治理水污染、节约用水等。海水淡化和废水利用是解决淡水紧缺比较实用的方法。

光污染

● 光污染的种类

白亮污染：白亮污染是指阳光照射强烈时，城市里建筑物的玻璃幕墙、釉面砖墙、磨光大理石和各种涂料等装饰反射光线，明晃白亮、眩眼夺目。经研究发现，长时间在白色光亮污染环境下工作和生活的人，视网膜和虹膜都会受到程度不同的损害，视力急剧下降，白内障的发病率高达45%，还能使人头昏心烦，甚至发生失眠、食欲下降等类似神经衰弱的症状。在夏天，玻璃幕墙强烈的反射光进入附近居民楼房内，增加了室内温度，影响人们正常的生活。有些玻璃幕墙是半圆形的，反射光汇聚还容易引起火灾。烈日下驾车行驶的司机会出其不意地遭到玻璃幕墙反射光的突然袭击，眼睛受到强烈刺激，很容易诱发车祸。

人工白昼：当夜幕降临后，商场、酒店上的广告灯、霓虹灯闪烁夺目，令人眼花缭乱。有些强光束甚至直冲云霄，使得夜晚如同白天一样，即所谓的"人工白昼"。在这样的"不夜城"里，夜晚难以入睡，扰乱人体正常的生物钟，导致白天工作效率低下。还会伤害鸟类和昆虫，强光可能破坏昆虫在夜间的正常繁殖过程。

彩光污染：在舞厅、夜总会安装的黑光灯、旋转灯、荧光灯以及闪烁的彩色光源构成了彩光污染。据测定，黑光灯所产生的紫外线强度大大亮于太阳光中的紫外线，且对人体有害影响持续时间长。人如果长期接受这种照射，可诱发流鼻血、脱牙、白内障，甚至导致白血病和其他癌变。彩色光源让人眼花缭乱，不仅对眼睛不利，还干扰大脑中枢神经，使人感到头晕目眩，出现恶心呕吐、失眠等症状。

●光污染的预防和治理

对于光污染，目前主要采取预防为主、防治结合的治理方法。一是要抓宣传和教育，二是抓科技，三是抓立法，四是抓监控与管理。在人口密集的地区，可以散发传单，在与照明业有关的企业和单位、学校，可以适当地组织宣传和学习，使人们多少能知道光污染，了解它的危害，增强对光污染的抵御能力。在开始规划设计城市夜景照明时就应该注意防治光污染，实现建设科学夜景、保护夜空双达标的要求。对于正在建设夜景照明的地区务必在规划时就考虑光污染问题做到未雨绸缪，防患于未然。对已经建设好夜景照明的地区，应及时发现问题，将污染尽量控制在萌芽状态中。

放射性污染

●什么是放射性污染？

是指人类由于生活、生产、社会活动的需要，生产或使用的放射性物质，排放出的放射性废物，核试验产生的放射性沉降物等带来的污染。人工放射性物质带来的环境污染，对人体健康有较大的影响和危害。

●放射性污染的产生

一是核武器试验的沉降物。在大气层进行核试验的情况下，核弹爆炸的瞬间，由炽热蒸汽和气体形成大球（即蘑菇云）携带着弹壳、碎片、地面物和放射性烟云上升，随着与空气的混合，辐射热逐渐损失，温度渐趋降低，于是气态物凝聚成微粒或附着在其他的尘粒上，最后沉降到地面。

1954年3月——美国在太平洋比基尼岛爆炸一枚氢弹，海水受到放射性物质的严重污染，通过浮游生物而到鱼体内逐渐积累，随生物游动扩散到7 000千米以外。在12月日本渔船捕获到的鱼类，鱼体放射性物质浓度超过危害人体健康指标的30倍，因不能食用而大批销毁。在核武器爆炸后，形成大量具有放射性的微尘落到地面，粘附在植物叶片上，有可能进入食草动物体内。有一些放射性的微尘，尤其是锶90Sr在动物体内的功能似钙，易积聚于骨骼中，长期停留，半衰期为28年，危害极大。

二是核燃料循环的"三废"。排放原子能工业的中心问题是核燃料的产生、使用与回收。核燃料循环的各个阶段均会产生"三废"，能对周围环境带来一定程度的污染。

三是医疗照射引起的放射性污染。目前，由于辐射在医学上的广泛应用，已使医用射线源成为主要的环境人工污染源。

●放射性污染的危害性

放射性损伤有急性损伤和慢性损伤。如果人在短时间内受到大剂量的χ射线、γ射线和中子的全身照射，就会产生急性损伤。轻者有脱毛、感染等症状。当剂量更大时，出现腹泻、呕吐等肠胃损伤。在极高的剂量照射下，发生中枢神经损伤至直死亡。在大剂量的照射下，放射性对人体和动物存在着某种损害作用。如在400rad的照射下，受照射的人有5%死亡；若照射650rad，则人100%死亡。照射剂量在150rad以下，死亡率为零，但并非无损害作用，往往需经20年以后，一些症状才会表现出来。放射性也能损伤遗传物质，主要在于引起基因突变和染色体畸变，使一代甚至几代受害。受到较大剂量的放射性辐射后经一定的潜伏期可出现各种组织肿瘤或白血病。辐射线破坏机体的非特异性免疫机制，降低机体的防御能力，易并发感染、缩短寿命。

●防治放射性污染

向环境排放的放射性废物必须有一定限度。对核试验、原子能和平利用以及其他放射性物质的开发利用和处理应有严格的控制标准，加强各种防护措施，对放射性物质实行全面管理，发展控制和减少放射性污染的排放技术，研究控制放射性污染进入人体的途径等。此外应加强个人防护，尽量远离放射源，必要时穿防护服。

电磁污染

●电磁污染的种类

电磁污染包括天然和人为两种来源。

天然的电磁污染是某些自然现象引起的。雷电、火山喷发、地震和太阳黑子活动引起的磁爆等都会产生电磁干扰。天然的电磁污染对短波通信的干扰极为严重。

人为的电磁污染包括有：脉冲放电、工频交变电磁场、射频电磁辐射等。例如无线电广播、电视、微波通信等各种射频设备的辐射，频率范围宽，影响区域也较大。射频电磁辐射已经成为电磁污染环境的主要因素。日常生活中的家用电器、电脑、微波炉等也会给人带来电磁辐射。

●电磁污染对人的危害

电磁辐射影响人体健康。微波对人体健康危害最大，中长波最小。其生物效应主要是机体把吸收的射频能转换为热能，形成由过热而引起的损伤。电磁辐射可使男性性功能下降；女性内分泌紊乱，月经失调，造成流产、不育、畸胎等病变；对神经系统和免疫系统造成直接伤害。过量的电磁辐射直接影响大脑组织发育、骨髓发育、视力下降，肝病，造血功能下降，严重者可导致视网膜脱落，是心血管疾病、糖尿病、癌突变的主要诱因。

●电磁污染的防护

平时注意了解电磁辐射的相关知识，增强预防意识，了解国家相关法规和规定，保护自身的健康和安全不受侵害。

老人、儿童和孕妇属于电磁辐射的敏感人群，在有电磁辐射的环境中活动时，应根据辐射频率或场强特点，选择合适的防护服加以防护。建议孕妇在孕期，尤其在孕早期，应全方位加以防护，对于电磁辐射的伤害不能存有侥幸心理。

不要把家用电器摆放得过于集中，以免使自己暴露在超量辐射的危险之中。特别是一些易产生电磁波的家用电器，如收音机、电视机、电脑、冰箱、微波炉等不宜集中摆放。合理使用电器设备，保持安全距离，减少辐射危害。

注意人体与办公和家用电器距离，对各种电器的使用，应保持一定的安全距离，如电视机与人的距离应在4~5米，与日光灯管距离应在2~3米，微波炉在开启之后要离开至少1米，孕妇和小孩应尽量远离微波炉。

尽量避免长时间操作各种家用电器、电子办公设备、移动电话等，同时尽量避免多种电子办公和家用电器同时启用。手机接通瞬间释放的电磁辐射最大，在使用时应尽量使头部与手机天线的距离远一些，最好使用分离耳机和话筒接听电话。

饮食上注意多食用富含维生素 A、维生素 C 和蛋白质的食物，加强机体抵抗电磁辐射的能力。

在电磁场传递的途径中，安装屏蔽装置，使有害的电磁强度降低到容许范围内。

外来物种入侵

●外来物种入侵遍及全球

外来生物入侵也简称外来物种入侵，它指因为人类的活动有意或无意地将产于外地的生物引到本地，这些生物快速地进行生长繁衍，危害本地的生产和生活，改变当地的生态环境，带来很大的危害。由于世界各地的交往频繁，外来物种入侵事件越来越多，甚至遍布全世界。

在西欧，一种北美虾病正在侵袭当地虾，造成当地虾在许多河流中消失。在地中海和亚得里亚海，一种太平洋海藻覆盖了 3 000 公顷的海底。澳大利亚的一种可能来自巴布亚新几内亚地区的致病真菌自 1920 年侵入以来，导致了数千公顷的森林被毁。这种真菌对 3/4 的植物有害，包括高大的树种和矮小的灌木。在新西兰，一种来源于澳大利亚的夜间活动的袋鼠，估计每晚可吃掉 21 吨当地的森林的树皮、树芽、树叶等。

在我国，一种南美水生植物（水葫芦）极大地减少了昆明滇池的水面积。当地的气候明显变得比较干燥，湖中的 68 种鱼有 38 种已不复存在。深圳西南海面上的内伶仃岛，“植物杀手”薇甘菊在迅速蔓延，已成不可阻挡之势。

作为宠物的巴西龟，作为观赏植物的加拿大一枝黄花，作为改良土壤、绿化海滩的互花米草，作为食物的福寿螺以及以饲料形式引进的凤眼莲等，这些都是有目的性引入的外来物种，都对当地生态造成了危害。目前在我国从北到南的几乎所有的宠物市场上都能见到的巴西龟，已被世界自然保护联盟列为世界最危险的100个入侵物种之一。

●外来生物入侵也是一场灾难

外来生物入侵危害当地生态环境。进而对整个生态系统的平衡、人类社会的发展都潜藏着巨大的威胁。

威胁生物的多样性。外来生物威胁着本土物种，造成本土物种数量减少乃至灭绝。生物污染极大地威胁着生物的多样性。

威胁人类的健康。例如，麻疹、天花、淋巴腺鼠疫以及艾滋病都可以成为入侵疾病。一些外来动物如福寿螺等是人畜共患的寄生虫病的中间宿主，麝鼠可传播野兔热，极易给周围居民带来健康问题。

威胁经济的发展。外来病虫害的侵入会造成巨大的经济损失。据世界有关部门提供的数字说：全世界因生物物种入侵而造成的损失多达4 000亿美元。保守估计，外来种每年给我国的经济带来数千亿元的经济损失。

对社会和文化的影响。外来入侵物种通过改变侵入地的自然生态系统、通过降低物种多样性从而对当地社会、文化甚至人们的健康也产生了严重危害。我国是一个多民族国家，各民族特别是傣族、苗族、布依族等民族聚居地区周围都有其特殊的动植物资源和各具特色的生态系统，对当地特殊的民族文化和生活方式的形成具有重要作用。但由于飞机草、紫茎泽兰等外来入侵植物不断竞争、取代本地植物资源，生物入侵正在无声地削弱民族文化的根基。

新能源

●新能源形式多种多样

新能源的各种形式都是直接或者间接地来自于太阳或地球内部深处所产生的热能。包括了太阳能、风能、生物质能、地热能、核能、水能和海洋能、可再生能源衍生出来的生物燃料和氢所产生的能量。

太阳能一般指太阳光的辐射能量。太阳能的主要利用形式有太阳能的光热转换、光电转换以及光化学转换三种主要方式。太阳能是一种资源丰富又不污染环境的新能源。

核能是指从原子核释放的能量。所谓核裂变能是通过一些重原子核（如铀-235、铀-238、钚-239等）的裂变释放出的能量，目前的一些核电站就是用核裂变能通过加热水的技术发电。核能被认为是世界上最有希望的新能源。

海洋能指蕴藏于海水中的各种可再生能源，包括潮汐能、波浪能、海流能、海水温差能、海水盐度差能等。这些能源都具有可再生性和不污染环境等优点，是一项亟待开发利用的具有战略意义的新能源。

波浪发电。据科学家推算，地球上波浪蕴藏的电能高达90万亿度。目前，海上导航浮标和灯塔已经用上了波浪发电机发出的电来照明。大型波浪发电机组也已问世。我国也在对波浪发电进行研究和试验，并制成了供航标灯使用的发电装置。

潮汐发电。据世界动力会议估计，到2020年，全世界潮汐发电量将达到1 000亿~3 000亿千瓦。世界上最大的潮汐发电站是法国北部英吉利海峡上的朗斯河口电站，发电能力24万千瓦，已经工作了30多年。中国在浙江省建造了江厦潮汐电站，总容量达到3 000千瓦。

风能是空气在太阳辐射下流动所形成的。风能与其他能源相比，具有明显的优势，它蕴藏量大，是水能的10倍，分布广泛，永不枯竭，对交通不便、远离主干电网的岛屿及边远地区尤为重要。

氢能。在众多新能源中，氢能以其重量轻、无污染、热值高、应用面广等独特优点脱颖而出，将成为21世纪的理想能源。氢能可以作飞机、汽车的燃料，可以用作推动火箭动力。

生物燃料。世界上有不少国家盛产甘蔗、甜菜、木薯等，利用微生物发酵，可制成酒精，酒精具有燃烧完全、效率高、无污染等特点，用其稀释汽油可得到"乙醇汽油"，而且制作酒精的原料丰富，成本低廉。

●新能源优势初现

新能源是清洁能源，在今天地球污染严重的时刻，新能源的使用对于缓和环境的压力有重要作用。

　　新能源大都是可再生能源，可以持续使用，甚至永无枯竭的担心，比如，太阳能、风能、海洋能等都是永远也用不完的。

　　新能源的开发前景十分乐观，因为新能源的开发几乎是才刚刚开始，比起不可再生的资源几千年的开发期短得很，因此，我们还会在开发中研究出新的办法，以提高开发这些能源的效率，降低成本。例如：世界风能的潜力约 3 500 亿千瓦，因风力断续分散，难以经济地利用，今后输能储能技术如有重大改进，风力利用将会增加。海洋能包括潮汐能、波浪能、海水温差能等，理论储量十分可观，限于技术水平，现尚处于小规模研究阶段。当前由于新能源的利用技术尚不成熟，只占世界所需总能量的很小部分，但今后随着科学技术进步将有很大发展前途。

太阳能电站

　　将太阳能直接变为电能的大型太阳能电厂，已于 20 世纪 80 年代初期在美国加利福尼亚州建成，叫作"太阳能 1 号"电站，其发电能力为 1 万千瓦。

●太阳能光伏电站

　　通过太阳能电池方阵将太阳能辐射能转换为电能的发电站称为太阳能光伏电站。太阳能光伏电站按照运行方式可分为独立太阳能光伏电站和并网太阳能光伏电站。

　　未与公共电网相连接的独立供电的太阳能光伏电站称为离网光伏电站。主要应用于远离公共电网的无电地区和一些特殊场所，如为边远偏僻农村、牧区、海岛、高原、沙漠的农牧渔民提供照明、看电视、听广播等基本的生活用电；为通信中继站、沿海与内河航标、输油输气管道阴极保护、气象电站、公路道班以及边防哨所等特殊处所提供的电源。独立系统由太阳电池方阵、系统控制器、蓄电池组、直流/交流逆变器等组成。

与公共电网相联接且共同承担供电任务的太阳能光伏电站称为并网光伏电站。太阳能光伏发电进入大规模商业化发电阶段，成为电力工业组成部分，是当今世界太阳能光伏发电技术发展的主流趋势。并网系统由太阳能电池方阵、系统控制器、并网逆变器等组成。

●塔式太阳能电站

塔式太阳能发电站，不是把太阳能直接转换成电能，而是利用太阳能加其他介质，通过发电机发电。它是由定日镜群、接收器、蓄热槽、主控系统和发电系统5个部分组成。定日镜群用许多平面反光镜组成，每面定日镜都安装在刚性钢架上，采用计算机控制，自动跟踪太阳。所有镜面的反光都集中到高塔的接收器上。接收器也称集热锅炉，它把收集的太阳光转变为热，并加热接收器内的工质。接收器有腔式、盘式、柱状式等结构形式。蓄热槽是利用传热性能良好的油或熔盐来吸收热能，以供锅炉使用。锅炉产生的蒸汽送往汽轮机，最后由汽轮机带动发电机发电。控制系统均采用计算机控制，对所有设备进行监测，保证安全运行。塔式发电站的运行温度约500℃，热效率15%以上。这种发电站占地面积大，主要是定日镜布满塔下，例如美国加利福尼亚州的"太阳能1号"电站，功率1万千瓦，定日镜1 818块，每块镜面为39.1平方米，总占地面积71 084平方米，塔高55米，十分壮观。

●未来的太空太阳能电站

在地球上的太阳能电站总是要受地球上的许多自然因素影响，比如，天有晴阴、日有昼夜。理想的太阳能电站应该建造在太空，那里有强烈的太阳能，没有阴晴，几乎没有昼夜。

这种电站高悬在太空，接受太阳能并把太阳能转换成电能，再用特殊的方法把电能送回地球。目前，美国正在研究设计这样的太空电站，计划在2016年升空。

地　　热

●地热从哪里来

那么地热是从何而来的呢？要想回答这个问题，就需要从地球的构造谈起。地球可以看作是半径约为6 370千米的实心球体。它的构造就像是一个半熟的鸡蛋，主要分为三层。地壳、地幔、地核。地球每一层的温度很不相同的。从地表以下平均每下降100米，温度就升高3℃，在地热异常区，温度随深度增加得更快。我国华北平原某一个钻井钻到1 000米时，温度为46.8℃；钻到2 100米时，温度升高到84.5℃。另一钻井，深达5 000米，井底温度为180℃。根据各种资料推断，地壳底部和地幔上部的温度约为1 100℃~1 300℃，地核约为2 000℃~5 000℃。

地壳内部的热量是从哪里来的呢？一般认为，是由于地球物质中所含的放射性元素衰变产生的热量。有人估计，在地球的历史中，地球内部由于放射性元素衰变而产生的热量，平均为每年5万亿亿卡，这是多么巨大的热源啊！1981年8月，在肯尼亚首都内罗毕召开了联合国新能源会议，据会议技术报告介绍，全球地热能的潜在资源，相当于现在全球能源消耗总量的45万倍。地下热能的总量约为煤全部燃烧所放出热量的1.7亿倍。

由于构造原因，地球表面的热流量分布不匀，这就形成了地热异常，如果再具备盖层、储层、导热、导水等地质条件，就可以进行地热资源的开发利用。

中国的地热资源丰富，有悠久开采历史，以往主要利用温泉洗浴治病。1970年以后，在广东丰顺、河北怀来、天津和西藏等地曾进行地热发电、建筑物采暖、农业温室采暖、温水育种、灌溉等多方面试验性开发工作，取得一定成果。

●全球地热资源的分布

就全球来说，地热资源的分布是不平衡的。环球性的地热带主要有下列4个：

环太平洋地热带。它是世界最大的太平洋板块与美洲、欧亚、印度板块的碰撞边界。世界许多著名的地热田，如美国的盖瑟尔斯、长谷、罗斯福；墨西哥的塞罗、普列托；新西兰的怀腊开；中国台湾的马槽；日本的松川、大岳等均在这一带。

地中海—喜马拉雅地热带。它是欧亚板块与非洲板块和印度板块的碰撞边界。世界第一座地热发电站意大利的拉德瑞罗地热田就位于这个地热带中。中国的西藏羊八井及云南腾冲地热田也在这个地热带中。

大西洋中脊地热带。这是大西洋海洋板块开裂部位。冰岛的克拉弗拉、纳马菲亚尔和亚速尔群岛等一些地热田就位于这个地热带。

红海—亚丁湾—东非裂谷地热带。它包括吉布提、埃塞俄比亚、肯尼亚等国的地热田。

核电站

●核能发电的过程

核电站是利用热核反应产生的热能进行发电的，和火电站利用热能发电是一样的。它们都是利用热能加热水产生水蒸气，用水蒸气推动发电机发电。但是核电站与火电站最主要的不同是蒸汽供应系统。核电站利用核能产生蒸汽的系统称为"核蒸汽供应系统"，这个系统通过核燃料的核裂变能加热外回路的水来产生蒸汽。从原理上讲，核电站实现了核能—热能—电能的能量转换。

从设备方面讲，核电站的反应堆和蒸汽发生器起到了相当于火电站的化石燃料和锅炉的作用。反应堆是核电站的心脏，它是使原子核裂变的链式反应能够有控制地持续进行的装置，是利用核能的一种最重要的大型设备。反应堆中有控制棒，它是操纵反应堆、保证其安全的重要部件，它是由能强烈吸收中子的材料制成的，主要材料有硼和镉。

反应堆冷却剂在主泵的驱动下进入反应堆，流经堆芯后从反应堆容器的出口管流出，进入蒸汽发生器，然后回到主泵，这就是反应堆冷却剂的循环流程（亦称一回路流程）。在循环流动过程中，反应堆冷却剂从堆芯带走核反应产生的热量，并且在蒸汽发生器中，在实体隔离的条件下将热量传递给二回路的水。二回路水被加热，生成蒸汽，蒸汽再去驱动汽轮机，带动与汽轮机同轴的发电机发电。作功后的水蒸汽在冷凝器中被海水或河水、湖水冷却水（三回路水）冷凝为水，再补充到蒸汽发生器中。以海水为介质的三回路的作用是把水蒸汽冷凝为水，同时带走电站的弃热。

●核电站的利与弊

目前，除燃烧化石燃料和水力发电外，只有核电是现实可行、技术成熟、具有大规模工业应用成功经验的能源。火电、水电、核电是电能生产的三大支柱。核电从其诞生之日起，就显示了强大的生命力。核能发电不像化石燃料发电那样排放巨量的污染物到大气中，因此核能发电不会造成污染。

核电是高效、洁净、安全的能源，核电站运行对周围居民的辐射影响，远远低于天然辐射，可以说微乎其微。大亚湾核电基地10千米半径范围内的10座监测站的监测数据表明，核电站的环境放射性水平与运行前的本来数据相比没有发生变化。至于核电站三废处理，核电站产生的废物量很少，仅为同等规模火电厂的十万分之一。核电站三废排放的原则是尽量回收，把排放量减至最少。核电站内固体废物完全不向环境排放，放射性活度较大的液体废物转化成固体废物也不排放。气体废物经处理和检测合格后向高空排放。

核燃料能量密度比起化石燃料高上几百万倍，故核能电厂所使用的燃料体积小，运输与储存都很方便，一座1 000百万瓦的核能电厂一年只需30吨的铀燃料，一航次的飞机就可以完成运送。

也有人对核电站的安全提出质疑，他们担心核废物污染和核泄漏事故。当然，切尔诺贝利核电站事故也应引起我们的注意，核电站在运行过程中的安全一定要摆在首位，只要十分注意安全还是有保证的。

生态住宅

在欧美、日本等许多国外经济发达地区，生态住宅概念已深入民心。近年来，上海、深圳等地也开始推出"生态住宅"。专家们预测，由于21世纪是注重人与环境和谐发展的生态时代，选择注重生态概念的住宅，将逐渐成为广大居民的共识。

●生态住宅应该包括的要素

环保。生态住宅在材料方面总是选择无毒、无害、隔音降噪、无污染环境的绿色建筑材料，在户型设计上注重自然通风。

生态住宅采用的绿色材料可隔热采暖，在户型设计上注重自然通风可以最大限度地接受光照，以减少照明、空调等的能源消耗，因此可使居住者少用空调。生态住宅还应尽量将排水、雨水等处理后重复利用，并推行节水用具等等。这一切，实际上为居住者节约了不少水费电费等生活费用。

舒适。日本人曾总结出舒适环境的八要素：一是空气清新，没有污染和臭味；二是宁静，没有噪声；三是丰富多彩的绿化；四是与水景亲近；五是街道美丽而整洁；六是具有历史文化古迹；七是有适于人们散步的场所和空间；八是有游乐设施。其中，人们对安静、空气、绿化这三要素最为关心，并列为舒适性的基础要素。

目前，我国主要用5个指标来衡量舒适度：居住密度、绿地面积、室外活动场所的设施标准、室外环境的噪声标准和日照。

方便。居住环境的方便主要依据下列因素：居住区内外交通的方便程度；公共服务设施的配套程度；服务方式、服务项目、服务时间的方便程度。

安全。居住区环境不仅要保证居民的日常安全，还要考虑在发生特殊情况时的安全，如火灾、地震等。

卫生。居住环境保持空气清新，对有害气体和有害物质的浓度要规定标准。居住区的饮用水也应符合标准，尤其是水池二次供水的情况下。室外公共环境要清洁卫生。

美观。居住小区的室外环境主要取决于建筑群体的空间组合、建筑小品的装饰、绿化种植的配置方式、建筑立面处理和建筑墙面装饰材料与色彩的选配等。居住小区环境还应与其周围的环境有机地结合，给人以明快、淡雅、亲切之感，富于人情味、生活气息和地方风格。

垂直绿化

在寸土寸金的都市，建造绿化区域成为了势在必行又很奢侈的事，垂直绿化是一个很棒的解决方案。沿着建筑墙面搭建的绿色花园，大大节约了占地面积，并有利于增加室内湿度、帮助墙体隔热、净化空气。垂直绿化为博物馆、购物中心、机场、写字楼等城市空间提供了美观环保又实用的绿化方案。

园林专家称，大规模地为城市高楼披上一层"绿外套"，可以在一定程度上为甬城消暑去火。让绿色植物爬满屋顶、墙面、阳台以及立交桥、高架线的柱子与边沿，就能吸收大气污染物，增加湿度，降噪滞尘，遏制"热岛效应"。垂直绿化省地、省时、省钱、省资源。

根据绿化的场所的不同，垂直绿化可以分为墙面绿化、屋顶绿化、棚架绿化、陡坡绿化等。

目前应用于垂直绿化的植物主要是攀缘植物，常见应用的约有30余种。垂直绿化中的藤本植物绝大多数具有很高的观赏价值，或姿态优美，或花果艳丽，或叶形奇特、叶色秀丽，通过人工配置，在垂直立面上形成很好的景观，在美化环境中具有重要的作用。

●楼体绿化技术成熟好处多

楼体上栽种绿色植物，这是城市绿化的最新方法，那么楼体栽种植物对建筑物有什么影响吗？不必担心，这种方法还会对建筑物有一定的保护作用。

在太阳光紫外线的长期照射下，建筑物的屋顶面层会发生劣化及防水层的老化现象；日趋严重的"酸雨"会腐蚀屋面，甚至渗入细小裂纹内腐蚀混凝土内部，这些原因都会导致建筑物使用寿命缩短。如果合理地在建筑物的外层种植绿色植物，可以有效地克服这种现象，保护建筑物的外层，延缓建筑物的寿命。

这些建筑物上的绿色植物和地面的绿色植物有同样的功效。它们可以调节局部的小气候，可以增加空气的湿度，可以消除或减轻城市噪音等等。不仅如此，它们可以使夏天楼内的温度减低，也可以减少在冬天楼内热量的散失，具有节能的作用。同时可使城区楼群被植被覆盖，获得大面积植物雕塑群落的感观效果，形成独特的城市景观。

科技人员对楼体的绿化进行了研究，楼体的绿化要注意楼体的承重能力、注意保护楼面和楼顶的防雨层，注意绿化区域的排水等。

研究人员已经开发出减轻绿化种植层的重量和减小种植层厚度，同时解决屋顶绿化存在的绿化层排水、建筑屋面和防水层保护等技术，并发明了水性保肥性能优良的轻质人工培养土、架空排水板等设施和材料。

● 环保可做的100件小事

1. 使用布袋

2. 尽量乘坐公共汽车

3. 不要过分追求穿着的时尚

4. 不进入自然保护核心区

5. 倡步行，骑单车

6. 不使用非降解塑料餐盒

7. 不燃放烟花爆竹

8. 不要让电视机长时间处于待机状态

9. 节约粮食

10. 拒绝使用一次性用品

11. 消费肉类要适度

12. 随手关闭水龙头

13. 一水多用

14. 尽量购买本地产品

15. 随手关灯，节约用电

16. 拒绝过分包装

17. 使用节约型水具

18. 拒绝使用珍贵木材制品

19. 拒绝使用一次性筷子

20. 尽量利用太阳能

21. 尽量使用可再生物品

22. 使用节能型灯具

23. 简化房屋装修

24. 修旧利废

25. 不随意取土

26. 多用肥皂，少用洗涤剂

27. 不乱占耕地

28. 不焚烧秸秆

29. 不干扰野生动物的自由生活

30. 不恫吓、投喂公共饲养区的动物

31. 不吃田鸡，保蛙护农

32. 提倡观鸟，反对关鸟

33. 不捡拾野禽蛋

34. 拒食野生动物

35. 少使用发胶

36. 减少贺卡的使用以救护树木

37. 不穿野兽毛皮制作的服装

38. 不在江河湖泊钓鱼

39. 少用罐装食品、饮品

40. 不用圣诞树

41. 不在野外烧荒

42.不购买野生动物制品

43.不乱扔烟头

44.不乱采摘、食用野菜

45.认识国家重点保护动植物

46.不鼓励制作、购买动植物标本

47.不把野生动物当宠物饲养

48.观察身边的小动物、鸟类并为之提供方便的生存条件

49.不参与残害动物的活动

50.不鼓励买动物放生

51.不围观街头耍猴者

52.动物有难时热心救一把，动物自由时切莫帮倒忙

53.不虐待动物

54.见到诱捕动物的索套、夹子、笼网果断拆除

55.在室内、院内养花种草

56.在房前屋后栽树

57.充分利用白纸，尽量使用再生纸

58.垃圾分类回收

59.交换、捐赠、改造多余物品

60.回收废电池

61.回收废金属

62.回收废塑料

63.回收废玻璃

64.尽量避免产生有毒垃圾

65.使用无氟冰箱

66.少用纸尿布

67.少用农药，少用化肥，尽量使用农家肥

68.少用洗洁精，选无磷洗衣粉

69.少用室内杀虫剂

70.不滥烧可能产生有毒气体的物品

71.自己不吸烟，奉劝别人少吸烟

72. 少吃口香糖

73. 不追求计算机的快速更新换代

74. 节约使用物品

75. 优先购买绿色产品

76. 私车定时查尾气

77. 使用无铅汽油

78. 不向江河湖海倾倒垃圾

79. 选用大瓶、大袋装食品

80. 了解家乡水体分布和污染状况

81. 不要让电视机长时间处于待机状态

82. 反对奢侈，简朴生活

83. 及时举报破坏环境和生态的行为

84. 组织义务劳动，清理街道、海滩

85. 避免旅游污染

86. 参与环保宣传

87. 领养一棵树，做环保志愿者

88. 认识草原危机

89. 认识荒漠化

90. 认识、保护森林

91. 认识、保护海洋

92. 爱护古树名木

93. 保护文物古迹

94. 及时举报破坏环境和生态的行为

95. 关注新闻媒体有关环保的报道

6. 控制人口，规劝超生者

97. 利用每一个绿色纪念日宣传环境意识

98. 阅读和传阅环保书籍、报刊

99. 了解绿色食品的标志和含义

100. 认识环保标志

人造卫星

● 人造地球卫星的分类

人造卫星是个兴旺的家族，如果按用途可分为三大类：科学卫星、技术试验卫星和应用卫星。

科学卫星是用于科学探测和研究的卫星，主要包括空间物理探测卫星和天文卫星，用来研究高层大气、地球辐射带、地球磁层、宇宙线、太阳辐射等，并可以观测其他星体。

技术试验卫星是进行新技术试验或为应用卫星进行试验的卫星。

应用卫星是直接为人类服务的卫星，它的种类最多，数量最大，其中包括：通信卫星、气象卫星、侦察卫星、导航卫星、测地卫星、地球资源卫星、截击卫星等等。

人造卫星的运行轨道（除近地轨道外）通常有三种：地球同步轨道、太阳同步轨道、极轨轨道。

虽然人造卫星个头不大，但五脏齐全！它的通用系统有结构、温度控制、姿态控制、能源、跟踪、遥测、遥控、通信、轨道控制、天线等等系统，返回式卫星还有回收系统，此外还有根据任务需要而设的各种专用系统。

● 通信卫星

通讯卫星进行通信时，从一个卫星地面站把微波信号发送到卫星上去，卫星上的转发器把接收到的信号放大，再通过天线发向另一个地区的卫星地面站，后者再把接收到的信号放大取出，这样就沟通了两地的通信(包括电话、电报、电视等)。只要在赤道上空的同步轨道上均匀地分布3颗卫星，就可以形成覆盖全球的卫星通信网。卫星通信具有通信距离远、传输质量高、通信容量大、抗干扰能力强、机动灵活性好和可靠性高等特点。

●气象卫星

气象卫星利用大气遥感探测技术，从地球大气外层的不同高度鸟瞰大地，观测的范围大、时间长，不受地理条件限制。气象卫星凭借各种气象探测仪器，能拍摄全球的云图，精确地观测全球各处的大气温度、水气、云层变化、降水量和海洋温度，监视台风、强风、暴雨等灾害性天气的变化，从而为提高气象预报的及时性、准确性、可靠性和提前预知灾害性气象的出现以及长期预报提供了科学根据。

●地球资源卫星

地球资源卫星上装有高分辨率的电视摄像机、多光谱扫描仪、微波辐射仪和其他遥感仪器，可用来完成多种任务：一是勘测资源，不仅可以勘测地球表面的森林、水力和海洋资源，还可以调查地下矿藏和地下水源。二是监视地球，可以观察农作物长势，估计农作物产量，监视农作物的病虫害；还可以发现森林火灾，预警火山爆发；预测预报地震；监测环境污染，大面积调查污染的来源与分布、污染程度、天气和季节对污染的影响以及污染的昼夜变化。三是地理测量，拍摄各种目标的照片并绘制地质图、地貌图、水文图、云图等各种地图。

此外，还有监视对方军舰的海洋监视卫星、侦察核爆炸的核爆炸探测卫星及为潜艇、船只和飞机提供导航的导航卫星等。

随着人造卫星技术的成熟，人们更希望利用人造卫星代替人类的眼睛，去其他天体上看一看。目前人类已经对月球、水星、火星、土星发射了人造卫星，这将使人类的空间探索大大进步，从而帮助人类探索宇宙，开辟新的家园。

运载火箭

● 运载火箭是什么

运载火箭是由多级火箭组成的航天运输工具。运载火箭的用途是把人造地球卫星、载人飞船、航天飞机、航天站或空间探测器等有效载荷送入预定轨道。运载火箭是第二次世界大战后在导弹的基础上开始发展的。第一枚成功发射卫星的运载火箭是前苏联用洲际导弹改装的卫星号运载火箭。到20世纪80年代，前苏联、美国、法国、日本、中国、英国、印度和欧洲空间局已研制成功20多种大、中、小运载能力的火箭。最小的仅重10.2吨，推力125千牛(约12.7吨力)，只能将1.48千克重的人造卫星送入近地轨道；最大的重2 900多吨，推力33 350千牛(3 400吨力)，能将120多吨重的载荷送入近地轨道。主要的运载火箭有"大力神号"运载火箭、"德尔塔号"运载火箭、"土星号"运载火箭、"东方号"运载火箭、"宇宙号"运载火箭、"阿里安号"运载火箭、N号运载火箭、"长征号"运载火箭等。

● 运载火箭的运行原理

运载火箭发动机所消耗的燃烧剂和氧化剂（两者统称推进剂）都是由火箭自身携带的，因此火箭可以在真空中飞行。火箭发射时产生巨大的推力使火箭在很短的时间内迅速升入高空，随着燃料不断减少，火箭自身质量逐渐减小，在与地球距离增大的同时，质量和重力影响不断下降，火箭速度也因此越来越快。运载火箭通常为三级以上的多级火箭，各级火箭依次点火并依次自动与主体火箭分离，通过一级级加速来提高火箭速度。

为了顺利地把飞行器送上轨道，运载火箭必须满足以下几个要求：

（1）必须产生足够的推力。只有推力足够大，才能把具有一定质量的有效载荷（即人造卫星、探测器、宇宙飞船、航天飞机和空间站等飞行器）送上轨道去执行预定任务。（2）必须有精确的控制系统。运载火箭必须把飞船准确地送入轨道，也就是必须使飞船进入轨道的速度、高度和角度都符合预定的数值。

火箭起飞以后，出现任何故障，都不可能停下来修理，也不可能返回地面。因此，火箭发射是一件十分复杂和细致的工作，必须作好充分的准备。在火箭起飞后，如果发生故障，且无法消除这些故障时，为了不使火箭和航天器坠地时造成重大事故，或不致造成技术机密的泄漏，火箭航天器必须通过自身的安全自毁设备，自动地或由地面控制人员下达指令炸毁。

运载火箭可应用在军用和民用两大方面。按不同任务，大致可以分为三类：探空火箭，用于高空大气测量；弹导式导弹，是带战斗部的有控火箭；卫星（飞船、航天飞机）运载器，把卫星、飞船或航天飞机送上轨道。

随着火箭技术的进步，它的运载能力越来越大，在人类的航天探索中发挥着越来越重要的作用。

宇宙飞船

载人宇宙飞船是一种天地间往返运输器，也是载人航天器中最小的一种。每艘飞船只能使用一次，在太空可以单独飞行数天到十几天，一般乘2~3名航天员；它也能作为往返于地面和太空站之间或地面和月球及地面和行星之间的"渡船"；还可与空间站或其他航天器对接后进行联合飞行。

除了载人飞船外，还有货运飞船和载人货运混合式飞船，它们也均是为载人航天服务的。

载人宇宙飞船又可分为卫星式、登月式和星际式三种。前两种已在20世纪发射成功，后一种有望在21世纪实现，并且很可能是载人火星飞船。

目前，发射最多、用途最广的飞船是卫星式载人飞船。这种飞船像卫星一样在离地球几百千米的近地轨道上飞行，完成任务后其部分舱段沿弹道式或半弹道式路径返回地面。

卫星式载人飞船现已研制出单舱式、两舱式和三舱式三种。其中单舱式最为简单，只有座舱；两舱式次之，由航天员的座舱和提供动力、氧气及水的服务舱组成；三舱式最为复杂，它比两舱式多一个轨道舱，用于为航天员增加一些活动空间，以及进行某些实验性科研。

登月式载人飞船是在两舱式飞船的基础上增设一个载人登月用的登月舱。这样，登月飞船进入月球轨道后，航天员便可乘登月舱在月面着陆；完成月面考察任务后，再乘登月舱飞离月面，与在月球轨道上飞行的飞船会合，一起返回地球。

目前只有美、俄、中三国能独立进行载人航天活动。

● 宇宙飞船的历史

前苏联/俄罗斯一直很重视宇宙飞船的发展及其应用，现仍用它为在轨的"和平号"空间站提供服务。其第一代飞船为"东方号"，第二代是"上升号"。第三代便是至今仍活跃在载人航天第一线的"联盟号"。

美国的第一代飞船是"水星号"，1965年投入使用的"双子星座号"是两舱式的美国的第二代飞船。大名鼎鼎的"阿波罗号"飞船是美国的第三代飞船，也是目前唯一上过天的登月式载人飞船，一共发射了7艘，其中6艘登月成功。"阿波罗"计划完成后，美国停止使用飞船，把人力、物力和财力投向可部分重复使用的航天飞机研制方面去了。

中国神舟系列宇宙飞船到从1999年11月20日成功发射第一颗"神舟1号"到2008年9月25日发射的"神州7号"一共发射了6艘。中国飞天第一人杨利伟就是乘"神舟5号"载人飞船成功飞行。"神舟6号"，就是三舱式飞船，说明中国航天技术已经初步达到国际水平。"神舟7号"，成功突破飞船气闸舱、舱外航天服、航天测控中继卫星、伴飞小卫星等一系列关键技术。航天员由舱内活动转向舱外活动，这是我国载人航天技术的一个重大跨越。

未来的行星际飞行从目前看只能用飞船来实现，人类正在研制可重复使用的多功能飞船。

航天飞机

　　航天飞机既能像运载火箭一样把人造卫星等航天器送入太空，也能像载人飞船那样在轨道上运行，而且还能像飞机一样在大气层中滑翔着陆。它在轨道上运行时，可在机械和宇航员的配合下完成多种任务，如在轨道上发射和布放卫星，维修和回收卫星，攻击和捕获敌方卫星，执行空间营救和支援以及运送大型空间建筑的构件等等。航天飞机为人类自由出入太空提供了很好的工具，它的研发大大降低了航天活动的费用，是航天史上的一个重要里程碑。

　　它的结构主要由三大部分组成。①轨道飞行器，包括三副引擎火箭、驾驶员舱、乘务员舱和载货舱。②用作提供推进的外贮箱。③火箭助推器，共有两枚，使用固体燃料。

　　航天飞机起飞时可以像火箭那样垂直发射，在运行过程中，为了减轻负担，可以把工作完毕后的固体燃料火箭助推器和推进外贮箱抛掉。航天飞机的主要机械在返回地面后经过整修还可以继续使用。一般航天飞机上的宇航员是7名，飞行时间一般在2周以下，最长可达28天。

　　美国于1972年开始研制与实施航天飞机的计划。第一架航天飞机"企业号"1977年开始在各种复杂的地面上和大气层中试验。1981年首次用"哥伦比亚号"航天飞机在太空试验飞行，飞行三天后成功地返回地面。从此以后，载人的航天飞机开始进入太空。

　　航天飞机把人载入太空，在上面可以进行科学实验，比如太空育种、药物合成、晶体提纯、金属冶炼、宇宙观测等等，因为航天飞机上的物体处于失重状态，这是在地球上做不到的。所以可以做很多地球上因为重力影响没法做的实验。

　　航天飞机的好处就是可以重复使用，节约经费。并且在返回地球的时候不用燃料，像鹰一样是靠滑翔降落到地面的。航天飞机的外形就像普通飞机一样，但它的表面必须有隔热层，否则飞回地球的时候会被自身与空气剧烈摩擦产生的热量烧毁！

美国 1972 年开始开发第一架航天飞机"企业号"样机后总共生产 5 架：第一架是"哥伦比亚号"；第二架是"挑战者号"；第三架是"亚特兰蒂斯号"；第四架是"发现号"；第五架是"奋进号"。其中"挑战者号"于 1986 年 1 月 28 日发射升空后 73 秒钟在空中爆炸，7 名宇航员魂驻蓝天。"哥伦比亚号"于 2003 年 2 月 1 日返回地面时，在大气层中爆炸坠毁，7 名宇航员全部罹难。

目前航天飞机的主要任务是向国际空间站运送宇航员和各种建设用部件和补养。航天飞机的可靠性还是非常高的，自 1986 年 1 月挑战者号发射失败后一直到 2002 年 4 月为止已成功飞行过 110 次。

目前美国国会已经批准在 2010 年让所有航天飞机退役。而美国宇航局设想的下一代"载人探索航天器"将安装在运载火箭顶端。航天飞机将逐渐告别世界载人航天的舞台。

作为未来的运载火箭系统，乘员运载火箭系统(CLV)是美国推出的新一代航天运载工具。乘员运载火箭系统并不是一个航天器，而是一组航天器，其基本功能是将宇航员送上地球轨道，在不同环境下完成不同的任务，包括向月球部署登月器等。乘员运载火箭系统遵循人货分离的原则，将分别把人员和货物送入轨道，而不是像现在的航天飞机一样，人与货物一起进入太空。乘员运载火箭系统无疑将开启人类探索太空的新时代。

国际空间站

国际空间站以美国、俄罗斯为首，包括加拿大、日本、巴西和欧空局(11 个国家)共 16 个国家参与研制。其设计寿命为 10~15 年，总质量为 423 吨、长 108 米、宽(含翼展)88 米，面积约为 2 个足球场大小。运行轨道高度为 397 千米，载人舱内大气压与地表面相同，可载 6 人。

国际空间站以长达上百米的组装式桁架为基本结构，将多个舱段和设备安装在桁架上。国际空间站结构复杂，规模大，由航天员居住舱、实验舱、服务舱，对接过渡舱、桁架、太阳能电池等部分组成。

国际空间站的指挥和控制由美俄双方分担，美国主要以航天飞机为运载工具建设空间站，俄罗斯则主要用飞船向空间站运送人员和物资。

●最优的观测台

国际空间站为人类提供了一个长期在太空轨道上进行对地观测和天文观测的机会。

在对地观测方面，国际空间站比遥感卫星要优越。首先它是有人参与到遥感任务之中，因而当地球上发生地震、海啸或火山喷发等事件时，在站上的航天员可以及时调整遥感器的各种参数，以获得最佳观测效果；用它对地球大气质量进行监测，可长期预报气候变化；在陆地资源开发、海洋资源利用等方面，也都会从中受益。

国际空间站在天文观测上要比其他航天器优越得多，是了解宇宙天体位置、分布、运动结构、物理状态、化学组成及其演变规律的重要手段。因为有人参与观测，再加上空间站在太空的活动位置和多方向性，以及机动的观察测定方法，因而可以充分发挥仪器设备的作用。通过国际空间站，天文学家不仅能获得宇宙射线、亚原子粒子等重要信息，了解宇宙奥秘，而且还能对影响地球环境的太阳耀斑、暗条爆发等天文事件作出快速反应，及时保护地球，保护在太空飞行的航天器及其成员的安全。

●特殊的实验室

仅就太空微重力这一特殊因素来说，国际空间站就能给研究生命科学、生物技术、航天医学、材料科学、流体物理、燃烧科学等提供比地球上好得多、甚至在地球无法提供的优越条件，直接促进这些科学的进步。

国际空间站上的生命科学研究，可分为人体生命与重力生物学两方面。人体生命科学的研究成果可直接促进航天医学的发展。

例如，通过多种参数来判断重力对航天员身体的影响，可提高对人的大脑、神经和骨骼及肌肉等方面的研究水平。

太空悬浮冶炼是非常奇妙的，这里不用容器，不用把金属放进熔炉里，只要把金属放到适当的位置，用几只线圈和一些特殊的装置就可以进行金属冶炼。失重状态下的金属会悬浮在空中，只要给线圈通上电，在磁场的作用下，金属材料就会升温，冶炼的金属就开始溶化。这种冶炼因不需要容器，因此，消除了容器对材料的污染，使材料的纯度大大提高。

国际空间站的建成和应用，也是向着建造太空工厂和太空发电站、进行太空旅游、建立太空城堡永久性居住区、向太空其他星球移民等载人航天的远期目标接近了一步。

宇宙飞船与航天飞机的区别

在载人航天器中，载人飞船和航天飞机主要负责"跑"运输，它们或在太空自由翱翔，或来往于地面和空间站之间，运送航天员和货物。目前正在建造的"国际空间站"就是用它们作为运输工具，接送了一批又一批航天员、各种舱段和仪器设备以及补给用品。所以这"兄弟"俩又称为天地往返运输器，即相当于太空交通车，可以说它们是载人航天的大动脉。

宇宙飞船和航天飞机的最明显的区别是宇宙飞船是一次性使用，航天飞机可以重复使用。从外形上也能看出区别来，载人飞船无"翅膀"，航天飞机有"翅膀"，因而它们在功能上有很大不同，各有千秋。

由于载人飞船没有机翼，因而无升力或升力很小，只能以弹道式或半弹道式方法返回。其结果是气动力过载和落地误差都较大，返回时采用在海面溅落或在荒原上径直着陆的方式。这种着陆方式不仅对航天员的要求很高，需要长期训练才行，对航天员生命安全也有一定危险。它也使飞船为一次性使用的载人航天器。

不过，从另一方面讲，正是由于没有"翅膀"，所以飞船的结构相对简单，无需复杂的空气动力控制面，也没有着陆机构及相关装置，从而可靠性和安全性较高。例如，苏联／俄罗斯自1971年联盟11号返回失事以后，历经联盟、联盟 T、联盟 TM 和联盟 TMA 4代，至今已使用了30多年，约80艘飞船上过天，从未出现过灾难性事故。

有很大机翼的航天飞机在再入大气层时可获得足够的升力，控制升力的大小和方向就能调节纵向距离和横向距离，使航天飞机准确地降落在跑道上，能部分重复使用。它的过载也小得多，即从起飞到返回地面的整个过程中，加速和减速都很缓慢，大大降低了对航天员的身体要求，可把稍加训练的科学家、工程师、医生和教师等送上太空。

但是，航天飞机外型极其复杂，而且要携带可重复使用的发动机，所以载人飞船无论在技术上和成本方面都比航天飞机简单和小得多，容易突破载人航天的基本技术，并且很适于长期停靠在空间站上用作救生艇。若用昂贵的航天飞机作救生艇长期停留在空间站上，使用效率太低，还大大增加了空间站姿态控制和保持轨道高度方面的费用。

然而，航天飞机可以运送7人外加将近30吨的货物到近地轨道上去，既能独自飞行10～20多天，又可满足大型空间站的需求。在这方面载人飞船只能俯首称臣，因为它最多能运送3人外加几百千克的货物在太空独自飞行数天到10天左右，为中小型空间站提供服务，若仅用它作为大型空间站的运输工具则显得力不从心。在美国航天飞机停飞阶段，"国际空间站"的建造也随之停止了，因为飞船不能运送空间站的大型部件。

太空交通安全

● 太空垃圾围攻地球

航天专家一直警告，自前苏联1957年发射人类第一颗人造卫星以来，各国航天活动将产生大量"太空垃圾"。

欧洲宇航局绘制的电脑效果图显示了低空绕地球轨道的可跟踪物体。目前在低空绕地球轨道上有12 000个这样的被监测对象，这当中有众多的商业、军事、科学卫星，这些在低轨道运行的卫星预期不能进入大气中焚毁，其残骸将飘浮数十年。

美国空间联合作战指挥中心发现和跟踪的人造太空物体为1.8万件，

很大一部分已成为太空垃圾在轨道上遨游。

地面上能观测到并记录在案的在太空中的碎片约有4 000多万个，形成约3 000吨太空垃圾，而且这些数字，每年都在增加。

这些遗留在太空的垃圾，来之容易去之难，在太空滞留飞行时间可多达10年至1 000年。尽管一些比较大的碎片能够相对容易地被地基雷达和光学望远镜所跟踪，但绝大多数物体都非常小，无法观测到。太空垃圾对航天飞机而言，构成的威胁甚至超过发射和返回阶段的风险。

●太空"交通事故"频发

长期以来，太空垃圾与航天器相撞的事故频发，有的虚惊一场，有的却造成了重大机毁人亡的事故。

1982年，太空中一块0.2毫米的小金属碎片打中了美国"挑战者号"航天飞机的舷窗，嵌入6毫米，幸亏没有击中关键部位。

2003年美国"哥伦比亚号"机毁人亡，美国一些专家认为，它很可能是在返回地球的途中被太空垃圾或小型陨石击中。

2009年美国与俄罗斯的两颗卫星在西伯利亚北部上空相撞。这一首起太空重大"交通事故"引起了全世界的密切关注。

●防止撞击事故的方法

尽管卫星在太空相撞后会产生大量碎片，但绝大多数碎片会在飞入地球稠密大气层后，与大气剧烈摩擦，烧成灰烬。目前防止此类撞击事故的方法有好几种，比如用光学望远镜、雷达探测预警，使各种航天器提前躲避"太空垃圾"；将废弃航天器"调遣"到无用的更高轨道或遥控其坠入大海；为空间站等大型航天器加装防护罩。还有一些概念性防护设计，如让低轨卫星退役后抛出一条由特殊材料制成的绳索，切割地球磁力线并导电，进而在地磁场的作用下产生下拉作用，将卫星拖入地球稠密大气并烧毁。

●太空呼唤"交通法"

目前国际上已制定了5个有关外空活动的文件。科学家们呼吁建立起更加规范的法规或协定。要加强对太空中各类物体的监测，做到心中有数，除在关键时刻预警之外，还可提供充分的执法依据。此外，应该尽快推出权威的国际"太空交警"机构，提高太空"交通法"的执行力。

宇航员的太空生活

空间站或航天器就是航天员的家，里面有工作间、生活间、物资间、试验室等。宇航员的所有活动都在这里。这里有供电系统、照明系统、动力系统、供氧系统、通信系统等，甚至还设置有生活用健身系统、淋浴系统、排便卫生系统等。

●衣

宇航员在太空飞行器中有三套服装——平时工作服、舱内宇航服、舱外行走宇航服。平时工作时宇航员只穿工作服，不必穿航天服。舱内宇航服是当航天器发射或返回地面时穿用。如果到太空站外面进行作业、维修、排除故障等必须穿舱外宇航服。从功能上讲舱外宇航服功能更全更复杂——有生命保障系统、通信系统、调温系统、压力系统与面罩等，价格最昂贵。而太空站舱内工作服就要简单得多。舱内航天服从功能上和造价上属于中等。短期小型飞行器返回时，因返回舱太小，也为了减轻重量，当飞船返回舱返回时，舱外航天服留在了太空，十分可惜。

各种航天服的尺码是根据航天员身体尺寸订做的，并且衣服上都有本国航天标志。不同国家航天服的颜色不同。比如我国航天服为白色，工作服为蓝色，舱外航天服也是白色。而美国的航天飞机航天员的舱内航天服是白色，工作服是桔红色。

●食

早期的太空食品确实有点儿乏味，今非昔比，国际空间站上的食物可以保证6天之内不重样，自己喜欢的调味品也可以选择，比如芥末、蛋黄酱、番茄酱、液态的胡椒和盐。中国的宇航员照样能享受家乡菜，八宝饭、宫保鸡丁、陈皮牛肉等等，不怕不全就怕胃不够。航天飞行会导致航天员骨钙丢失，肌肉萎缩，红细胞的数量减少等，所以航天食品要针对他们的生理改变指数对膳食的营养素做出适当的调整。例如，肌肉萎缩就要求食品必须提供充足的优质蛋白质，骨质的丢失则要求食品必须提供相应的钙，以及适宜的钙磷比例和维生素D。如果宇航员要喝水，吃汤、羹、汁、果酱时，直接从塑料口袋或牙膏状的软铝管里，一点一点往嘴里挤就可以了。

空间站还必备冰箱和加热器等设备。用餐时刀、叉、筷子都要保管好，否则一松手就会自己飞走或追不回来。

用餐后的垃圾必须收好，然后通过货运飞船带回地面。

短期航天器喝水是从地面带足了。而太空站长期飞行器喝水是个大问题，因不可能一下带太多的水，有时靠货运飞船定期向太空站送食品和水。如今，国际太空站又发明一种装置，可以将尿净化为饮用水，使水能循环使用。

●住

在太空住也不同地面，因是微重力，一动身体就飘起来，人人都变成会飞的"仙女"，所以，睡觉时要固定以免受伤。宇航员在太空睡觉时，双手要放进睡袋里或者固定住。因为在失重的环境里，睡眠中的人会有四肢脱离躯干的感觉。有的航天员用睡袋，也有用固定床的。短期太空飞行器航天员坐在坐椅上就可睡觉。太空站则不行，由于飞行器92分钟左右绕地球一周，即是一昼夜，故此要有新的作息时间表，航天员轮流工作、值班和休息。

在空间站中甚至还有健身设施。休息时，航天员还可以拉拉琴或听听音乐。自2008年起，国际太空站又开始播放视频，更增加了航天员生活情趣。

太空飞行器中的大小便回收器是特别设计的，马桶上的气流导引装置，解决了失重条件下人体排泄的困难。

在太空洗澡是个大问题。在飞行器和空间站都设有专门的太空淋浴器。所谓太空淋浴器，其实是一个带盖的圆筒，里面有手持喷头和液体肥皂，地板上有吸水孔将水吸走。在淋浴前，必须先用限制带把脚固定在地板上，否则在淋浴中身体会不停滚翻，同时还要将淋浴筒的盖子盖好。

●行

在太空飞行器中行走也困难，多为飘飞。要经专门培训才会习惯。当返回地面时，由于身体受太空环境影响，骨质疏松。因此，出返回舱后，不能自己行走，必须由地面后勤人员抬着，尤其是在太空站长时间工作回来以后，更要用担架抬，然后进入保健医院进行监护观察和体力恢复，一定时间后方可自行行走。出发和返回时必须要穿舱内航天服，以保证生命安全。太空行走必须穿舱外航天服并系安全带。安全带犹如婴儿的脐带将宇航员与航天器连接起来，以防宇航员在太空中走失。如用太空行走飞行器，可不用系安全带。

●用

在太空飞行器中工作，试验和生活都要用到不同的工具和仪器，都必须固定和管理好，否则就会乱飞，甚至抓不到。所有工具仪器都要有固定位置，用具也多为专人专用。太空站中的健身器材和便器是公用的，服装皆为专用，通话器为专用。宇航员工作各有分工，随时保持与地面控制中心的联系。

为了不打乱生活规律，宇航员在太空中仍然按照地球上的时间来安排作息时间。每天早上，闹钟会将宇航员闹醒。有时地面控制中心会放"起床音乐"，有摇滚乐、乡村音乐和古典音乐等。宇航员一天的活动往往根据飞行时间的长短而定：在短期飞行中，工作时间一般较长；30天以上的飞行，工作时间应控制在8小时内，让宇航员有较多休息和娱乐的时间。

数字化部队

为了适应未来信息技术发展的需要，美国陆军率先提出了"21世纪陆军发展构想"，并着手建立21世纪新型陆军。这一构想的实质是用信息武装部队，即充分利用信息技术革命提供的机遇，在传统陆军的基础上建设一支数字化的新型陆军部队。2001年末，美国成立了世界第一支数字化部队。从此，发展数字化部队已经成为世界范围内争夺军事优势的一场新军事革命。

●数字化部队是这样的一支部队

指挥系统先进。作战中，指挥员利用调制器和车际信息系统通过电子计算机对各种武器之间的数据、图像、图表和命令等情报进行实时传递。对来自陆、海、空、天、电多维空间的信息进行筛选、优化、识别和处理，传输给指挥员进行分析、判断情况。对作战方案进行模拟分析，优选出最佳方案，提供给指挥者参考。而这个过程只有几分钟，甚至几秒钟。必要时可视情况越级指挥，使指挥程序简单化。

结构编制特殊。同样编制的一般部队与数字化部队战斗力相比仅有1/4左右。这是因为数字化部队是比合成军队合成度更高、内部结构更趋紧密合理、协同配合能力更佳、综合作战能力更强的部队。主要表现为诸兵种一体化，编成建制小型化，力量编组一体化，功能多样化。

武器效能惊人。一是机动能力强。以美第4机步师为例，该师在战斗条件下一昼夜可机动150~200千米；还可一次空中机动一个轻型机步连，机动速度可达200千米/小时。二是火力猛。压制火力每分钟可发射288发炮弹，多管火箭炮毁伤距离达35千米，能够提供大面积瞬时密集压制火力；空中反坦克火力能有效地打击100千米纵深的装甲集团，地面反坦克火力具备一次攻击800个装甲目标的能力。三是情报与电子战能力强。可侦察监视100~500千米距离内的目标，并进行昼夜搜索。四是防空制力强。另外，各国都在研制敌我识别系统，一旦应用战场，战斗力将会大幅上升。

数字化部队将成为未来战争的陆战主角。目前，除美、英、法等欧美国家外，印、日、韩等亚洲国家也正在大力发展自己的数字化部队。中国也在建立自己的数字化部队。

●美军"地面勇士"C41单兵系统

美军"地面勇士"单兵系统是构成其数字化部队的重要支柱之一。正在研制的"地面勇士"C4I单兵系统集单兵防护、单兵战斗武器和单兵通信器材于一身，它包括头盔、防弹服、单兵枪械、"三防"装备、计算机、电台等从头到脚的整体装备。

用C4I系统装备的士兵无论在何种复杂情况下，特别是在一些机动重武器有时难以达到的特殊作战条件下获得准确的、直接的、不断更新的战场信息。还能随时告知单兵所处的位置，帮助其判定敌方目标位置，从而加快作战反应速度。装备了全球定位系统的士兵可以根据作战需求随时向后方申请战斗支援或战斗勤务支持，方便战斗勤务保障和战场救治。由此，一个"地面勇士"在未来数字化战场条件下，不再是一个孤立的人，而是战场信息网中的一个节点、一个终端，士兵有比任何时候都更强的战斗力、全面防护能力、战场生存能力及与作战系统更大的互通性和协同能力。

新概念武器

新概念武器指的是采用高科技成果研制的，最新和更有威力的并在战争中使用的武器系统。新概念武器正在引起军队武器装备的巨大变革，也为发展"全新的非核武器"开辟了广阔的前景。

●新概念武器有哪些？

新概念武器主要包括定向能武器、动能武器和军用机器人。

定向能武器。是一类能量沿着一定方向传播，并在一定距离内具有杀伤破坏作用，而在其他方向没有杀伤破坏作用的武器。如激光武器、微波武器和粒子束武器等。

动能武器。是一类能够发射高速（5倍音速）弹头，利用弹头的动能直接撞毁目标的武器。主要有：动能拦截弹（反卫星、反导弹）、电磁炮（线圈炮、轨道炮和重接炮）、群射火箭等。

军用机器人。是一类具有仿人功能的，可用于执行各种战斗任务、侦察情况、实施工程保障的自动机器。

目前，正在研制的新概念武器还有气象武器、深海战略武器等。

●未来的新概念武器有哪些？

网络战武器。计算机病毒对信息系统的破坏作用，已引起各国军方的高度重视，发达国家正在大力发展信息战进攻与防御的装备与手段，主要有：计算机病毒武器、高能电磁脉冲武器、纳米机器人、网络嗅探和信息攻击技术及信息战黑客组织等。

基因武器。也被称作遗传工程武器或DNA武器。它运用遗传工程技术，用类似工程设计的办法，按人们的需要重组基因，在一些致病细菌或病毒中"植入"能抵抗普通疫苗或药物的基因，或者在一些本来不会致病的微生物体内接入致病基因而制造成生物武器。

束能武器。这种武器能以陆基、车载、舰载和星载的方式发射，突出特点是射速快，能在瞬间烧穿数百千米甚至数千千米外的目标，尤其对精确制导高技术武器有直接的破坏作用，因此被认为是战术防空、反装甲、光电对抗乃至反战略导弹、反卫星的多功能理想武器。

次声波武器。这是一种能发射20赫兹以下低频声波即次声波的大功率武器装置。它虽然难闻其声，却能与人体生理系统产生共振而使人丧失功能。

幻觉武器。是运用全息投影技术从空间站向云端或战场上的特定空间投射有关影像、标语、口号的一种激光装置。可谓最直接的心理战武器。它的作用是从心理上骚扰、恫吓和瓦解敌军，使之恐惧厌战，继而放弃武器逃离战场。

无人作战平台。21世纪，随着微机电、微制造技术的快速发展，微型无人作战平台在军事领域越来越显示出巨大的应用价值。目前，世界研究的微型无人作战平台主要有微型飞行器和微型机器人。

非致命武器。非致命武器是指为达到使人员或装备失去功能而专门设计的武器系统。按作用对象，非致命武器可分为反装备和反人员两大类。目前，国外发展的用于反装备的非致命武器主要有超级润滑剂、材料脆化剂、超级腐蚀剂、超级粘胶以及动力系统熄火弹等。

核武器

●什么是核武器？

核武器是利用能自持进行核裂变或聚变反应释放的能量，产生爆炸作用，并具有大规模杀伤破坏效应的武器的总称，包括原子弹、氢弹、中子弹三种类型，它使用的方法包括飞机空投、导弹发射等几种。核武器是 20 世纪以来人类所拥有的、最可怕的毁灭性武器。

目前，世界上共有 7 个国家拥有核武器，其中包括联合国 5 个常任理事国：美国、英国、法国、俄罗斯、中国以及印度和巴基斯坦。事实上，以色列和日本等国都具备制造核武器的能力。

●曼哈顿计划

1939 年，希特勒统治下的德国准备利用一种叫做铀的金属元素研制原子弹。这一消息传出后，当时正流亡在美国的一些科学家，请爱因斯坦出面，给美国总统罗斯福写信，要求美国务必抢在德国之前制造出原子弹。

美国正式制订了研制原子弹的计划，并命名为"曼哈顿计划"，一大批优秀的科学家投入到了这项工程之中。经过艰苦而又危险的不断试验及千千万万人夜以继日的努力后，1945 年 7 月，美国终于制成了绰号为"瘦子"、"胖子"和"小男孩"的 3 颗原子弹。原子弹研制成功后，美国人就开始选择掷原子弹的目标，日本广岛、长崎成为了核武器的第一个牺牲品。

核武器的实战应用，虽仍限于它问世时的两颗原子弹，但由于 40 年来核武器本身的发展，以及与它有关的多种投射或运载工具的发展与应用，特别是通过上千次核试验所积累的知识，人们对其特有的杀伤破坏作用已有较深的认识，并探讨实战应用的可能方式。美、苏两国都制订并多次修改了强调核武器重要作用的种种战略。

由于核武器具有巨大的破坏力和独特的作用，1968年1月7日由英国、美国、前苏联等59个国家分别在伦敦、华盛顿和莫斯科缔结签署了《不扩散核武器条约》，共11款。宗旨是防止核扩散，推动核裁军和促进和平利用核能的国际合作。条约1970年3月正式生效。截至2003年1月，条约缔约国共有186个。

●核武器的种类

核武器的杀伤破坏是其爆炸瞬间释放的巨大能量转化出的多种杀伤破坏因素造成的，主要包括光辐射、冲击波、早期核辐射、核电磁脉冲等瞬时杀伤因素。这些杀伤破坏因素作用时间仅为数十秒；而爆炸产生的放射性沾染，作用时间可持续几天甚至更久。

美国对日本投下的两颗原子弹，是以带降落伞的核航弹形式，用飞机作为运载工具的。以后，随着武器技术的发展，已形成多种核武器系统，包括弹道核导弹、巡航核导弹、防空核导弹、反导弹核导弹、反潜核火箭、深水核炸弹、核航弹、核炮弹、核地雷等。其中，配有多弹头的弹道核导弹，以及各种发射方式的巡航核导弹，是美、苏两国装备的主要核武器。

反卫星武器

反卫星武器技术并不是什么新鲜的东西，美国早在1959年就对一种实际系统进行过演示，前苏联也在1968年试验了其第一种反卫星武器。现在，许多国家都掌握了相关的技术。一种办法就是建造一个大功率干扰机或者使用重型工业激光器对低地轨道卫星的光学器件和水平线传感器进行攻击。另外一种办法就是利用现有的运载火箭和导弹建造直接上升式反卫星武器，一般可能采用这种方式。但这并不等于说建造和部署直接上升式反卫星武器是一件容易的事情。低地轨道卫星在数百千米高的轨道上运行，速度高达7.5千米/秒，要想击中它，必须要完成三项任务：发现并跟踪卫星，接近卫星，然后将其破坏或摧毁。

●反卫星卫星

反卫星卫星是一种具有轨道推进器跟踪与识别装置以及杀伤战斗力的卫星，能接近与识别敌方的间谍卫星，并通过自身的爆炸产生的大量碎片将其破坏击毁。1971年，前苏联从丘拉坦火箭基地发射了"宇宙-462号"卫星，它的运行速度极快，几个小时便赶上了4天前就送入250千米高空轨道的"宇宙-459号"卫星。这时，"宇宙-462号"突然自行爆炸成了13块碎片，将"宇宙-459号"卫星撞毁。美国航天专家通过大量资料分析，证明这是前苏联进行的一次"反卫星卫星"试验。这颗"宇宙-462号"卫星便是一颗高空"凶手卫星"。前苏联到1977年底，就已经发射了27颗"反卫星卫星"，其中有7次成功地"截击"了供试验的目标卫星。

●反卫星导弹

美国为了打破前苏联反卫星武器的垄断领先地位，也不惜耗费巨资和众多人力来研制发展各种反卫星武器，主要的就是"反卫星导弹"。1984年夏天，美国陆军从太平洋贾林岛试验场发射了一枚截击导弹，成功地摧毁了从范登堡空军基地发射的一枚"民兵"式洲际导弹。这一次试验表明，美国已经具有在外层空间击毁敌方间谍卫星的攻击能力。美国空军拥有的"小型反卫星导弹"长5.4米，直径0.5米，全弹重1 136千克，装备有红外探测器、激光陀螺、信息处理机和机动火箭发动机。把它携带在美国目前爬升性最佳的F-15"鹰"式战斗机的腹部，在15～21千米高空向太空中的目标卫星进行攻击。在发射后，它的弹头上的8个红外探测器便自动跟踪目标，同时加速飞行，最高时速可达到3千米/秒～12千米/秒，用高速撞击卫星，将其彻底摧毁。

如果一个地区性大国或发展中国家拥有反卫星武器，那么它在什么情况下才使用呢？这在很大程度要取决于作战的性质。有一点是肯定的，每个国家都不愿意损害自己获取商业卫星数据的通路。一般来讲，如果该国受到的损失较小时，就有可能使用反卫星武器。不过，如果被攻击目标是一个较大的系统的节点时，很难确切估计所受损失的大小，如果使用面杀伤反卫星武器，不分敌我乱打一气，对自己的卫星也是个威胁。关注反卫星武器的发展，研究相应的对策，应当引起世界各国的足够重视。

石墨炸弹

石墨和金刚石都是由碳元素形成的单质晶体，但它们的结构、性质却大不相同。石墨炸弹选用的是经过特殊处理的纯碳石墨纤维丝制成，每根石墨纤维丝的直径相当小，仅有几千分之一厘米，因此，可在高空中长时间漂浮。由于石墨纤维丝经过流体能量研磨加工制成，且又经过化学清洗，因此，极大地提高了石墨纤维丝的传导性能。石墨纤维丝没有粘性，却能附在一切物体表面。

激光制导的石墨炸弹在目标上空炸开、旋转并释放出100~200个小的罐体，每个约有易拉罐大小；每个小罐均带有一个小降落伞，打开后使得小罐减速并保持垂直；罐内小型的爆炸装置起爆，使小罐底部弹开，释放出石墨纤维线团；石墨纤维在空中展开，互相交织，形成网状；由于石墨纤维有强导电性，当其搭在供电线路上时即产生短路造成供电设施崩溃。

当石墨纤维搭落在裸露的高压电力线或变电站所的变压器等电力设施上，经特殊化学处理的具有极好导电性能的石墨纤维就会使之发生短路烧毁，造成大范围停电。石墨纤维在造成过流短路时，还会受热汽化和产生电弧，使导电的石墨纤维涂覆在电力设备上，破坏它们原有的绝缘性能，使电力设施长期受损，难以修复。石墨纤维丝可进入电子设备内部、冷却管道和控制系统的黑匣子。石墨纤维丝弹头对包括停在跑道上的飞机、电子设备、发电厂的电网等所有东西都产生破坏作用。

石墨炸弹的出现肯定会令人担心。科索沃的经历以及更早一些时候在1991年的"沙漠风暴"行动中对类似技术的使用就证明了这一点。海湾战争时，石墨炸弹在"沙漠风暴"行动中首次登场。当时，美国海军发射舰载战斧式巡航导弹，向伊拉克投掷石墨炸弹，攻击其供电设施，使伊拉克全国供电系统85%瘫痪。在以美国为首的北约对南斯拉夫的空袭中，美国空军使用的石墨炸弹型号为BLU-114/B，由F-117A隐形战斗机于1999年5月2日首次对南电网进行攻击，造成南斯拉夫全国70%的地区断电。

高科技是一把双刃剑，有利也有弊，就看我们怎么去认识！

防弹衣

● 防弹衣的防弹性能

作为一种"防护用品"，防弹衣的防弹性能主要有三方面：一是防手枪和步枪子弹。许多软体防弹衣都可防住手枪子弹，但要防住步枪子弹或更高能量的子弹，则需采用陶瓷或钢制的增强板。二是防弹片。要防各种爆炸物如炸弹、地雷、炮弹和手榴弹等爆炸产生的高速破片。三是防非贯穿性损伤。子弹在击中目标后会产生极大的冲击力，以防造成内伤，减少危及生命的危险。

● 防弹衣的演变历程

现代防弹衣的雏型出现于20世纪50年代的朝鲜战争期间。美军首先试验使用尼龙这类软质合成纤维材料制做防弹衣。他们发现12层特制尼龙纤维布可收到一定的防弹效果。当弹丸击中防弹衣时，纵横交织的多层尼龙纤维像网一样裹住弹丸，弹丸继续运动的话就必须拉伸尼龙纤维，尼龙纤维的张力减低了弹丸的运动速度，消耗并吸收了弹丸的动能。由于弹片的动能和运动速度一般比弹丸低得多，所以尼龙防弹衣对弹片的防护作用更明显。

20世纪60年代，美陆军将M69式尼龙防弹衣列为制式装备。但由于尼龙纤维的抗张强度所限，尼龙防弹衣要收到好的防护效果，重量需在4.5千克以上。据有关专家的试验和分析，穿上这么重的防弹衣，士兵的作战能力会降低30%以上。在潮湿炎热的战场上，美军士兵更是难以忍受尼龙防弹衣所带来的负担和闷热感。而不穿防弹衣在现代战争中是很危险的。大量的统计分析表明，现代战争中弹片是对士兵的主要威胁，它占导致伤亡原因的3/4，其余的1/4才是冲击波、枪弹、烧灼等造成的。因此越南战争后，人们一直在寻找合适的防弹衣材料。直到20世纪70年代，终于出现了较为理想的防弹衣材料——"凯夫拉"。

"凯夫拉"是美国杜邦公司于20世纪60年代中期研制出的一种合成纤维，并于1972年实现了工业化生产。其全称为"聚对苯二甲酰对苯二胺纤维"，"凯夫拉"是它的商品名。"凯夫拉"的抗张强度极高，是尼龙纤维的2倍多，它的出现使防弹衣的防护性能有了明显提高。试验表明，"凯夫拉"吸收弹片动能的能力是尼龙的1.6倍，是钢的2倍。多层"凯夫拉"织物对枪弹也能收到满意的防护效果。由于用"凯夫拉"制作防弹衣比尼龙防弹衣重量轻，防弹性能好，所以它受到了许多国家军队和警察的青睐。目前除了美国之外，德、法、英、以色列、意大利都研制和装备"凯夫拉"防弹衣。

20世纪90年代美国又研制了一种被称作"斯佩克特拉"的纤维，它具有比"凯夫拉"更优越的性能。用这种纤维材料制成的防弹头盔和背心，在保持与"凯夫拉"制品同样防护性能的条件下，其重量可减轻1/3。

DNA 重组技术

随后，生命遗传的分子机理——DNA复制、遗传密码、遗传信息传递的中心法则、作为遗传的基本单位和细胞工程蓝图的基因以及基因表达的调控相继被认识。至此，人们已完全认识到掌握所有生物命运的东西就是DNA和它所包含的基因，生物的进化过程和生命过程的不同，就是因为DNA和基因运作轨迹不同所致。

●DNA重组技术

DNA重组技术的具体内容就是采用人工手段将不同来源的含某种特定基因的DNA片段进行重组，以达到改变生物基因类型和获得特定基因产物的目的。它不受亲缘关系限制，为遗传育种和分子遗传学研究开辟了崭新的途径，成为现代生物技术和生命科学的基础与核心。人们掌握基因操作的时间并不长，但已经获得了多种多样的表达产物。用基因工程改造过的微生物、动物、植物层出不穷，它们都被人为地赋予了特殊的使命。

在农业方面的应用是培养"超级植物"，或称"转基因植物"。其主要方向和取得的成果主要有：改良农作物品种，提高农作物产量；提高农作物的抗病能力；培养耐寒、耐旱、耐热、耐盐碱特性的农作物，以扩大作物播种面积；提高农作物的蛋白质含量；使一般作物具有类似豆类作物一样的固氮能力；使植物含有动物蛋白质；提高某些作物的光合作用能力。

在畜牧业方面的应用是培养"超级动物"，或称"转基因动物"，其主要方向有提高家畜、家禽的生长速度，减少饲料消耗；提高家畜的出肉率和瘦肉的比例；提高家畜、家禽的抗病能力；提高家畜的产奶率和家禽的产蛋率；培养新的家畜和家禽品种；培育某些家畜令其奶中含有药物成分。

在医学方面基因工程的应用是制造"超级药物"，以消除遗传疾病及癌症、艾滋病一类绝症。其方向主要是采用基因重组技术，使人体恢复胰岛素生产功能，根除糖尿病；制造抗癌药物，使癌细胞转化为正常细胞或消灭癌细胞，以根治癌症；培养防治艾滋病、肝病、小儿麻痹症等病症的疫苗；修改有缺陷基因，消除遗传疾病；在水果或食用植物中转移药物基因，培育有免疫功能的水果。基因还可培养用于人体的动物器官。

在刑事鉴定技术中，可制作DNA指纹。DNA指纹用于刑事鉴定的准确率远高于传统的指纹。而且只需获得亿分之一的取样量就可进行，方便易得。亲子基因的鉴定，还可使被拐骗儿童找到自己的亲生父母。

在研究动植物的物种起源中，科学家通过利用基因比较发现，鲸与牛的亲缘关系比鱼更接近；中国、美国、加拿大三国科学家通过基因研究宣布鸟类起源于恐龙。

科学家们还一直试图从恐龙化石中找到恐龙基因，希望由此复活已灭绝的恐龙。

作为生物的主要遗传物质 DNA 向人类展示了它奇妙的"魔术师"般的魅力，但也有大量的科学家对其研究的发展予以人类伦理和生态演化的自然法则的冲击表示出极大的担忧。从理论上来讲，这种研究发展的一个极致就是使人类拥有了创造任何生命形态或从未有过的生物的能力。

人类基因组计划

现代遗传学家认为，基因是 DNA(脱氧核糖核酸)分子上具有遗传效应的特定核苷酸序列的总称，是具有遗传效应的 DNA 分子片段。基因位于染色体上，并在染色体上呈线性排列。基因不仅可以通过复制把遗传信息传递给下一代，还可以使遗传信息得到表达。不同人种之间头发、肤色、眼睛、鼻子等不同，是基因差异所致。

人类只有一个基因组，大约有5~10万个基因。人类基因组计划是美国科学家于1985年率先提出的，于1990年正式启动的。美国、英国、法国、德国、日本和中国科学家共同参与了这一价值达30亿美元的人类基因组计划。

这个计划旨在阐明人类基因组30亿个碱基对的序列，发现所有人类基因并搞清其在染色体上的位置，破译人类全部遗传信息，使人类第一次在分子水平上全面地认识自我。主要内容包括绘制人类基因的四张图，即遗传图、物理图、序列图和转录图。绘制这四张图好比建立一个"人体地图"，沿着地图中一个个路标，如"遗传标记"、"物理标记"等，可以一步步地找到每一个基因，搞清楚每一个基因的核苷酸序列。

因此，科学家们把这个庞大工程计划与曼哈顿原子弹计划和阿波罗计划相媲美，把它们称为20世纪人类自然科学史上最伟大的工程计划。

2001年6月26日，六国科学家共同宣布人类基因组工作框架图构建完毕，并将测序结果于次日向全世界公布，这标志着人类基因组计划进入了最后冲刺阶段。随着人类基因组"工作框架图"的构建完成，人类基因组计划对人类社会巨大的科学和经济意义正在逐渐显现，其影响广泛而深远。

一张生命之图将被绘就，它带动和促进了生物产业和生命科学的发展，它着眼于基因组的整体理论、策略、技术，前所未有地加速了新基因发现及其功能研究的速度。自此，生命科学开始了以DNA序列为基础的，以生物信息学为导向的新纪元。同时，人们的生活也将发生巨大变化。

利用基因，人们可以改良果蔬品种，提高农作物的品质；更多的转基因植物、动物和食品将问世；人类将能够恢复或修复人体细胞和器官的功能，利用基因治疗更多的疾病不再是一个奢望。因为随着我们对人类本身的了解迈上新的台阶，很多疾病的病因将被揭开，药物就会设计得更好，治疗方案就能"对因下药"，生活起居、饮食习惯有可能根据基因情况进行调整，人类的整体健康状况将会提高，21世纪的医学基础将由此奠定。

人类基因研究所获得的数据就像一座巨大的金矿，它将促进生物学的不同领域如神经生物学、细胞生物学、发育生物学的发展。人们从中更可以发掘出诊断和治疗5 000多种遗传疾病以及恶性肿瘤、心血管疾病和其他严重疾患的方法，阻止甚至扭转一些疾病的遗传。

蛋白质组计划

核酸与蛋白质是构成生物体的主要大分子。随着人类基因组等大量生物体全基因组序列的破译和功能基因组研究的展开，生命科学家越来越关注如何用基因组研究的模式开展蛋白质组学的研究，认为蛋白质组学将成为新世纪最大战略资源——人类基因争夺战的战略制高点之一。

●蛋白质组计划

国际人类蛋白质组计划（HLPP）是继国际人类基因组计划之后的又一项大规模的国际性科技工程。首批行动计划包括由中国科学家牵头的"人类肝脏蛋白质组计划"和美国科学家牵头的"人类血浆蛋白质组计划"。"国际人类蛋白质组计划"的总部设在中国首都北京，这是中国科学家第一次领导执行重大国际科技协作计划。由美国科学家吉尔伯特·欧曼牵头的HPPP是第一个人体体液的蛋白质组计划，由中国贺福初院士牵头的HLPP是第一个人类组织／器官的蛋白质组计划。其科学目标是：揭示并确认肝脏的蛋白质；在蛋白质水平规模化注解与验证人类基因组计划所预测的编码基因；实现肝脏转录组、肝脏蛋白质组、血浆蛋白质组及人类基因组的对接与整合；揭示人类转录、翻译水平的整体、群集调控规律；建立肝脏"生理组"、"病理组"；为重大肝病预防、诊断、治疗和新药研发的突破提供重要的科学基础。几年来，围绕人类肝脏蛋白质组的表达谱、修饰谱及其相互作用的连锁图等九大科研任务，我国科学家已经成功测定出6 788个高可信度的中国成人肝脏蛋白质，系统构建了国际上第一张人类器官蛋白质组"蓝图"；发现了包含1 000余个"蛋白质–蛋白质"相互作用的网络图；建立了2 000余株蛋白质抗体。

对人类而言，蛋白质组学的研究最终要服务于人类的健康，蛋白质是生命活动的执行体，如果了解了每种蛋白质如何影响人类的健康，科学家们就可以发明治疗疾病的新方法。

蛋白质组学虽然问世时间很短，但已经在研究细胞的增殖、分化、异常转化、肿瘤形成等方面进行了有力的探索，涉及到白血病、乳腺癌、结肠癌、膀胱癌、前列腺癌、肺癌、肾癌和神经母细胞瘤等，鉴定了一批肿瘤相关蛋白，为肿瘤的早期诊断、药靶的发现、疗效判断和预后提供了重要依据。

肝病是一种几乎肆虐了大半个地球的人类公敌。目前，全球仍以每年新增肝炎病患者约5 000万人的速度递增。我国和大多数亚洲国家一样是个肝脏病多发国，有超过1亿人患肝病。每年死于肝病的人有数十万之多，乙型肝炎病毒携带者占人口的比例相当高。全国一年所花费的防治经费高达 1 000 亿元以上，数额巨大。人类肝脏蛋白质组计划的实施，将极大地提高肝病的治疗和预防水平，降低医疗费用。同时，将使我国在肝炎、肝癌为代表的重大感病的诊断、防治与新药研制领域取得突破性进展，并不断提高我国生物医药产业的创新能力和国际竞争力。

在应用研究方面，蛋白质组学将成为寻找疾病分子标记和药物靶标最有效的方法之一。在对癌症、早老性痴呆等人类重大疾病的临床诊断和治疗方面蛋白质组技术也有十分诱人的前景，目前国际上许多大型药物公司正投入大量的人力和物力进行蛋白质组学方面的应用性研究。

生物芯片

●什么是生物芯片？

对于生物芯片，人们可能不像对计算机微处理器——半导体芯片那样熟悉。什么是生物芯片呢？生物芯片又称 DNA 芯片或基因芯片，是 DNA 杂交探针技术与半导体工业技术结合的结晶。一般说来，生物芯片就是在一块厘米见方的玻璃片、硅片、塑料膜等材料上，通过特殊的表面化学处理连接上相关的生物分子，经过特殊设计的生物化学反应，然后由专用的仪器收集检测信号，再用计算机分析数据结果。生物芯片是微电子学、化学、物理学、信息学和生物学相互交叉形成的一项高新技术。生物芯片技术可以对细胞、DNA、蛋白质等生物组分进行准确、快捷和大信息量的检测分析。生物芯片的模样五花八门，有的和计算机芯片一样规矩、方正；有的是在透明的玻璃或塑料上面点上排排微米级圆点或划了一条条的蛇形细槽；还有的是由一些不同形状头发粗细的管道和针孔大小的腔体，不同结构的微型电子、机械器件紧密排列在一起形成的。

按照芯片上固定的生物分子的不同，可以将生物芯片划分为：基因芯片（也称 DAN 芯片）、蛋白质芯片、细胞芯片和组织芯片。从其功能不同的角度，又可分为：测序芯片、表达芯片和比较基因组杂交芯片。

在实际应用方面，生物芯片技术可广泛应用于疾病诊断和治疗、药物基因组图谱、药物筛选、中药物种鉴定、农作物的优育优选、司法鉴定、食品卫生监督、环境检测、国防等许多领域。它将为人类认识生命的起源、遗传、发育与进化、为人类疾病的诊断、治疗和防治开辟全新的途径，为生物大分子的全新设计和药物开发中先导化合物的快速筛选和药物基因组学研究提供技术支撑平台。

● 基因芯片的应用

基因芯片在基因表达水平的检测、基因诊断疾病、药物研究筛选、个体医疗等方面有着广泛的应用前景。

● 疾病诊断

从正常人的基因组中分离出 DNA 与 DNA 芯片杂交就可以得出标准图谱。从病人的基因中分离出 DNA 芯片杂交就可以得出病变图谱。通过比较、分析这两种图谱，就可以得出病变的 DNA 信息。这种基因芯片诊断技术以快速、高效、敏感、经济、平行化、自动化等特点，将成为一项现代化诊断技术。

● 药物筛选

人们为了和疾病做斗争，要不断的研究开发新的药物。如何分离和鉴定药的有效成分是目前中药产业和传统的西药开发遇到的重大障碍，基因芯片技术是解决这一障碍的有效手段。它能够大规模地筛选，通用性强，能够从基因水平解释药物的作用机理，即可以利用基因芯片分析用药前后机体的不同组织、器官基因表达的差异。

● 指导用药及治疗方案

临床上，同样药物的剂量对病人甲有效可能对病人乙不起作用，而对病人丙可能有副作用。在药物疗效与副作用方面，病人的反应差异很大。

如果利用基因芯片技术对患者先进行诊断，再开处方，就可以对病人实施个体优化治疗。另一方面，在治疗中，很多同种族疾病的具体病因是因人而异的，用药也应因人而异。例如乙肝有较多亚型，HBV基因的多个位点如S、P及C基因区极易发生变异。若用乙肝病毒基因多态性检测芯片每隔一段时间就检测一次，这对指导用药防止乙肝病毒耐药性很有意义。

生物制药

●生物药品的特性

"生物制药"就是把生物工程技术应用到药物制造领域的过程，其中最主要的是运用基因工程方法，对DNA进行切割、插入、连接和重组，从而获得生物医药制品。目前，生物制药产品主要包括三大类：基因工程药物、生物疫苗和生物诊断试剂。其中利用微生物或真核细胞生产基因药物，把转基因生物作为制药反应器（如动物乳腺生物反应器）已经成为生物制药新途径，越来越受到世人的关注。

生物药物的特点是药理活性高、毒副作用小，营养价值高。生物药物主要有蛋白质、核酸、糖类、脂类等。这些物质的组成单元为氨基酸、核苷酸、单糖、脂肪酸等，对人体不仅无害还是重要的营养物质。生物药物的阵营很庞大，发展也很快。目前全世界的医药品已有一半是生物合成的，特别是合成分子结构复杂的药物时，它不仅比化学合成法简便，还有更高的经济效益。目前，我国国内市场上国产生物基因药品主要有乙肝疫苗、干扰素、白细胞介素-2、G-CSF（增白细胞）、重组链激酶、介素-3、重组人胰岛素等十几种多肽类药品正在进行临床试验，已广泛应用于治疗癌症、贫血、发育不良、糖尿病、肝炎、心力衰竭、血友病、囊性纤维变性和一些罕见的遗传性疾病。

●基因工程开辟生物制药的新途径

现代基因工程，开辟了生物制药的新途径，可以通过生物技术生产出大量廉价的防治人类疾病的药物，如人胰岛素、干扰素、生长激素、乙型肝炎疫苗等。

干扰素能抗多种病毒，并有一定的治疗癌症的效果。干扰素是从人体血液白细胞中提取的，这种提取不但操作复杂，产量也低成本还高。人们将抗干扰素的基因转入到细菌中去进行发酵，美国的科技人员首先研究了这种方法，并投入大规模生产，用这种方法一个细菌每天能生产20万个抗干扰素的分子，而过去用白细胞，每天只能成产约100~1 000个抗干扰素分子。

全世界有肝炎病毒的人约有2亿多，现在还没有一种非常有效的防治方法。乙型肝炎疫苗是预防肝炎的重要药物，过去只能从肝炎病人的血清中制备，产量少价格高。利用基因工程的方法，可以把乙型肝炎病毒基因转移到细菌中去，让细菌生产大量的肝炎病毒。

胰岛素是治疗糖尿病的特效药，过去只能从猪或牛的胰腺中提取，产量低成本高。用基因工程方法可使胰岛素生产不再依靠动物胰脏。

干细胞

白血病是一种很难治疗的造血系统的恶性肿瘤，俗称"血癌"。得了这种病的人，白血病细胞会在血液里恶性增生，破坏人体的正常造血功能，进而侵入人体的其他组织和器官，导致器官受损。治疗白血病的有效疗法，目前就是造血干细胞移植。

人类的生命从受精卵细胞开始，经过了十月怀胎，从一个受精卵细胞，分化发育成具有200多种组织，数不尽的各种细胞组成的人体。

可是，在过去的几千年里，人类并无法认识这一现象。自细胞学创立以来，科学家们对人类自身的研究，很快的进入到细胞的层次。科学家们发现，人体的组织、器官尽管十分复杂，但都是由一个受精卵细胞分化发育而来。

到了20世纪50年代，美国华盛顿大学的一位医学家托马斯，首先在人的骨髓中发现了造血干细胞，并于1956年完成了世界上第一例骨髓移植手术，托马斯因此获得了1990年的诺贝尔生理与医学奖。与一般细胞相比，干细胞可以能够长期地自我复制，能够分化多种细胞。

干细胞分为三种，一是胚胎干细胞，这种干细胞具有全能性，具有向各种系统细胞分化转变的能力，是一种高度未分化的全能干细胞，能分化成人体的所有组织和器官，以至于发展成为一个完整的人。这种胚胎干细胞存在于受精卵细胞发育5~7天后形成的囊胚中。自从认识了受精卵细胞的全能性，现在我们已知道，囊胚内含有100多个胚胎干细胞。

另一种就是成体多年干细胞，这种细胞主要存在于骨髓、血液、胰腺等处。这种干细胞不具备全能性，它的数量、作用、分化能力有限，它们主要为某部分细胞的衰老更新，定向分化某类组织的细胞。如：一个70千克体重的人，为了补充血液系统每天死亡或受损的细胞，存在于骨髓和血液中的成体造血干细胞，每天至少要分化产生100亿个血细胞以满足需要。我们经常听说的治疗白血病的骨髓移植，就是移植这种造血干细胞。

还有一种是专能干细胞，这种干细胞只能发育成某种组织，如神经干细胞等。

干细胞不但可以治疗许多疾病，还可以利用干细胞能发育成组织和器官的特点，培育人体的组织或器官，以给人体器官移植带来可喜的前景。目前这方面的研究已取得了许多成果。

由于造血干细胞在临床上的应用，各国都先后建立了捐献骨髓志愿者资料库，有许多人纷纷加入到了捐献骨髓的行列中。不过，进行骨髓移植必须配型，而寻找和患病者相配型的造血干细胞是很困难的。因为，非血缘关系的两人之间，这种成功率在万分之一至几十万分之一，所以，捐献骨髓志愿者资料库的人数越多，配型成功率将会更大。

克　隆

克隆技术不需要雌雄交配，不需要精子和卵子的结合，只需从动物身上提取一个单细胞，用人工的方法将其培养成胚胎，再将胚胎植入雌性动物体内，就可孕育出新的个体。这种以单细胞培养出来的克隆动物，具有与单细胞供体完全相同的特征，是单细胞供体的"复制品"。

●克隆技术的诞生

在1997年2月英国罗斯林研究所维尔穆特博士科研组公布体细胞克隆羊"多莉"培育成功。实际上，"多莉"的克隆在核移植技术上沿袭了胚胎细胞核移植的全部过程，但这并不能减低"多莉"的重大意义，因为它是世界上第一例经体细胞核移植出生的动物，是克隆技术领域研究的巨大突破。这一巨大进展意味着同植物细胞一样，分化了的动物细胞核也具有全能性，在分化过程中细胞核中的遗传物质没有产生不可逆的变化。利用体细胞进行动物克隆的技术是可行的，从而为大规模复制动物优良品种和生产转基因动物提供了有效方法。

克隆羊"多莉"的诞生在全世界掀起了克隆研究热潮。1997年3月，美国、中国台湾和澳大利亚科学家分别发表了他们成功克隆猴子、猪和牛的消息。同年7月，罗斯林研究所和PPL公司宣布用基因改造过的胎儿成纤维细胞克隆出世界上第一头带有人类基因的转基因绵羊"波莉"（Polly）。这一成果显示了克隆技术在培育转基因动物方面的巨大应用价值。1998年7月，美国夏威夷大学Wakayama等报道，用小鼠卵丘细胞克隆了27只成活小鼠，其中7只是由克隆小鼠再次克隆的后代，这是继"多莉"以后的第二批哺乳动物体细胞核移植后代。

科学家们在不同物种间进行细胞核移植实验也取得了可喜的成果，1998年1月，美国威斯康星——麦迪逊大学的科学家们以牛的卵子为受体，成功克隆出猪、牛、羊、鼠和猕猴五种哺乳动物的胚胎。虽然这些胚胎都流产了，却对异种克隆的可能性作了有益的尝试。1999年，美国科学家用牛卵子克隆出珍稀动物盘羊的胚胎；我国科学家也用兔卵子克隆了大熊猫的早期胚胎。

克隆技术还可以用来生产"克隆人"，可以用来"复制"人，因而引起了全世界的广泛关注。对人类来说，克隆技术是悲是喜，是祸是福？唯物辩证法认为，世界上的任何事物都是矛盾的统一体，都是一分为二的。克隆技术也是这样。如果克隆技术被用于"复制"像希特勒之类的战争狂人，那会给人类社会带来什么呢？即使是用于"复制"普通的人，也会带来一系列的伦理道德问题。如果把克隆技术应用于畜牧业生产，将会使优良牲畜品种的培育与繁殖发生根本性的变革。若将克隆技术用于基因治疗的研究，就极有可能攻克那些危及人类生命健康的癌症、艾滋病等顽疾。克隆技术犹如原子能技术，是一把双刃剑，剑柄掌握在人类手中。人类应该采取联合行动，避免"克隆人"的出现，使克隆技术造福于人类社会。

人造器官

●多种类多样的人造器官

目前世界上已经研究出人造心脏、人造胃、人造皮肤、人造血、人造子宫、人造血管、人造骨头、人造视网膜、再生肢体、人造干细胞等等。

人造器官主要有三种：机械性人造器官、半机械性半生物性人造器官、生物性人造器官。

机械性人造器官是完全用没有生物活性的高分子材料仿造一个器官，并借助电池作为器官的动力。比如，各种各样的假肢、人工心脏等。目前，日本科学家已利用纳米技术研制出人造皮肤和血管。

人们患了严重的风湿性关节炎、长了骨瘤、粉碎性骨折，他们的关节失去了活动能力，他们只能躺在床上，现在可以给他们换上一个人造的膝关节或肘关节，他们就可以活动自如了。人造关节大的有髋关节，小的有指关节。世界上更换器官的除了假牙外，人造骨是更换最多的了，有许多人因此而受益，使他们又恢复了自由的行动。人造骨的材料是镍、钴、钛或碳纤维复合材料。

半机械性半生物性人造器官将电子技术与生物技术结合起来。在德国，已经有8位肝功能衰竭的患者接受了人造肝脏的移植，这种人造肝脏将人体活组织、人造组织、芯片和微型马达奇妙地组合在一起。预计在今后10年内，这种仿生器官将得到广泛应用。

生物性人造器官则是利用动物身上的细胞或组织，"制造"出一些具有生物活性的器官或组织。生物性人造器官又分为异体人造器官和自体人造器官。比如，在猪、老鼠、狗等身上培育人体器官的试验已经获得成功。而自体人造器官是利用患者自身的细胞或组织来培育人体器官。

●生物性自体人造器官

异体人造器官，移植后会让患者产生排斥反应，因此科学家最终的目标是让患者都能用上自体人造器官。诺贝尔奖获得者吉尔伯特认为："用不了50年，人类将能用生物工程的方法培育出人体的所有器官。"

科学家乐观地预料，不久以后，医生只要根据患者自己的需要，从患者身上取下细胞，植入预先有电脑设计而成的结构支架上，随着细胞的分裂和生长，长成的器官或组织就可以植入患者的体内。

当前，美国的研究人员已经成功地培育并移植了用生物工程方法培育的膀胱。研究人员从患者的膀胱上，取下普通邮票一半大小的活细胞样本，然后提取细胞、剥下胶原质，将肌肉细胞和膀胱上皮细胞分别置于不同的培养器皿中。大约一个星期后，研究人员将这些细胞放在一些海绵形状的、由胶原质制成的可生物降解"支架"上。这些"支架"的大小和形状可以根据那名提取细胞的患者体内状况而定。再过大约7个星期，原先的数万个细胞已经繁殖到15亿个左右，布满"支架"，膀胱上皮在内，肌肉在外。外科医师然后将"新膀胱"移植到患者膀胱的上面。这样，新器官会继续生长并与老器官"重组"，取代老器官中丧失功能的部分。接受培育器官的移植手术后，这些患者的小便失禁状况得到明显改善，其他症状也得到一定程度的缓解。

染色体

●染色体的发现

染色质这个名词最早是德国生物学家瓦尔德尔提出来的。基因是否真的存在于染色体之中？萨顿和贝特森还对此是作出了肯定的猜想。而以实验结果证实这一猜想"染色体是基因载体"的是美国生物学家摩尔根，他发展了孟德尔的理论，创立了遗传的染色体学说，并荣获了1933年诺贝尔生理学或医学奖。他也是因遗传学研究成果荣获诺贝尔生理学或医学奖的第一人。

●什么是染色体？

染色体主要由是DNA和蛋白质组成，是细胞核内容易被碱性染料染成深色的一种丝状或杆状物质。染色体的结构、大小可因不同生物或同一个体的不同组织、同一组织不同外界条件而差别很大。有些染色体的长度变异范围为0.2～50微米，直径0.2～2微米。每种生物染色体数目是相对固定的。在体细胞中染色体成对存在，而在配子细胞中，染色体数目是体细胞中的一半。

●染色体与遗传的关系

人体中的体细胞中有23对（46条）染色体。其中22对在男性与女性中都是一样的，叫常染色体；另一对为性染色体。性染色体有两种类型，X染色体和Y染色体。女性为XX染色体，男性为XY染色体。男女之间的区别不在于那22对染色体，而是那唯一的染色体即性染色体，而唯一可以产生男性本质的是Y染色体，也就是说，男人具有女性相同的部分，而女性却不具有男性的某些特性。从这一点来说，男性是具有独特性与不可代替性的。

如果人的染色体发生异常，也可以引起多种遗传病。染色体异常往往造成较严重的后果，甚至在胚胎期就引起自然流产。如染色体结构异常引起的猫叫综合征，是第5号染色体部分缺失引起的遗传病。因为患病儿童哭声轻，音调低，很像猫叫而得名。而染色体数目异常引起的21三体综合征，又称先天性愚型，是一种常见的染色体病，患者比正常人多了条21号染色体所引起的。人群中发病率高达1/800～1/600。另外，性腺发育不良是女性中最常见的一种性染色体病，发病率在1/3 500，经染色体检查发现，患者缺少了一条X染色体。

我们可以在每个细胞核内都能找到染色体。开展染色体的研究，在临床上对疾病的早期诊断以及开展产前遗传咨询和对提高民族的素质等十分重要。

不管怎么说，人类还是很幸运的。大自然用了近40亿年时间用化学语言写出的人类基因组这部书，生物学家们仅用了50年就把它读了出来，接下来的工作将是解译这部"说明书"的含义。尽管这可能将是一个相当长的过程，但它却给我们带来了无限的希望。

人体的免疫系统

●什么是免疫系统?

免疫系统是人体抵御病原菌入侵最有效的防卫武器，由免疫器官、免疫细胞和免疫因子三部分组成。免疫器官包括骨髓、胸腺、脾脏、淋巴结等；免疫细胞包括淋巴细胞和吞噬细胞等；免疫因子包括体液中的各种抗体和淋巴因子等。

●免疫系统的工作

人体的免疫系统像一支精密的军队，24小时昼夜不停地保护我们免受外来入侵物的危害，同时也能预防体内细胞突变引发癌症的威胁。如果没有免疫系统的保护，即使是一粒灰尘就足以让人致命。

当你被割伤时，各种细菌和病毒就会通过皮肤的伤口进入你的体内；被扎伤时，你的体内也会出现木头碎片这样的异物，这时，你的免疫系统会做出反应，消灭入侵者或清除异物，同时皮肤会自动愈合并封住伤口。少数情况下，免疫系统会有所遗漏，从而引发伤口感染。

当你被一只蚊子叮咬时，就会留下一个红色发痒的小肿块。这同样也是免疫系统发挥作用的明显标志。

每一天，你都会从空气中吸入数以千计的漂浮微生物（包括细菌和病毒）。你的免疫系统对付它们不费吹灰之力。如果偶尔有一个微生物漏网，你就会感冒，患上流感，或出现比之更糟糕的情况。感冒或流感是免疫系统没能成功阻拦微生物的明显表现。克服感冒或流感则是免疫系统在熟悉入侵者后将其消灭的表现。如果你的免疫系统袖手旁观，你就永远无法战胜感冒或任何其他疾病。

每天你都会吃进数以百计的微生物，同样，它们大多数都会被唾液或胃酸消灭，但偶尔会有一个幸存下来，免疫系统会让你产生不良反应，表现为呕吐和腹泻是最常见的两种症状。

免疫系统发生意外或者失调时也会导致麻烦，给人类带来各种疾病。例如，有些人患有过敏症，过敏症其实只是免疫系统对于某种刺激反应过度，这种刺激放在其他人身上根本毫无反应。有些人患有糖尿病，这是由于免疫系统异常攻击胰腺里的细胞并对它们加以摧毁而引起的。有些人患有风湿性关节炎，其原因是关节内免疫系统功能失常。许多不同的疾病实际上都是由于免疫系统失调造成的。

另外，还有一种能让我们注意到免疫系统的原因，那就是有时它会阻止我们执行某些有利的行为。例如，器官移植比我们原本以为的要困难得多，因为免疫系统经常会排斥移植的器官。

免疫系统就是人体的保护神。当第一次的感染被抑制住以后，免疫系统会把这种致病微生物的所有过程详细地记录下来。如果人体再次受到同样的致病微生物入侵，免疫系统已经清楚地知道该怎样对付他们，并能够很容易、很准确、很迅速的作出反应，将入侵之敌消灭掉。

人体的免疫器官

●人体的主要免疫器官

士兵工厂：骨髓

红血球和白血球就像免疫系统里的士兵，而骨髓就负责制造这些细胞。每秒钟就有800万个血球细胞死亡并有相同数量的细胞在这里生成，因此骨髓就像制造士兵的工厂一样。

训练场地：胸腺

就像为赢得战争而训练海军、陆军和空军一样，胸腺是训练各军兵种的训练厂。胸腺指派 T 细胞负责战斗工作。此外，胸腺还分泌具有免疫调节功能的荷尔蒙。

战场：淋巴结

淋巴结是一个拥有数十亿个白血球的小型战场。当因感染而须开始作战时，外来的入侵者和免疫细胞都聚集在这里，淋巴结就会肿大，甚至我们都能摸到它。肿胀的淋巴结是一个很好的信号，它正告诉你身体受到感染，而你的免疫系统正在努力地工作着。作为整个军队的排水系统，淋巴结肩负着过滤淋巴液的工作，把病毒、细菌等废物运走。人体内的淋巴液大约比血液多出 4 倍。

血液过滤器：脾脏

脾脏是血液的仓库。它承担着过滤血液的职能，除去死亡的血球细胞，并吞噬病毒和细菌。它还能激活 B 细胞使其产生大量的抗体。

咽喉守卫者：扁桃体

扁桃体对经由口鼻进入人体的入侵者保持着高度的警戒。那些割除扁桃体的人患上链球菌咽喉炎和霍奇金病的机率明显升高。这证明扁桃体在保护上呼吸道方面具有非常重要的作用。

免疫助手：盲肠

盲肠能够帮助 B 细胞成熟发展以及抗体（IgA）的生产。它也扮演着交通指挥员的角色，生产分子来指挥白血球到身体的各个部位。盲肠还能"通知"白血球在消化道内存在有入侵者。在帮助局部免疫的同时，盲肠还能帮助控制抗体的过度免疫反应。

肠胃守护者：集合淋巴结

像盲肠一样，集合淋巴结对肠胃中的入侵者起反应。它们对控制人体血液中的微生物入侵者至关重要。

人体组织的自我修复

●人体组织的自我修复

人体组织的自我修复（tissue repair），是指局部组织、细胞因某种致病因素的作用遭受损伤和死亡后，由邻近健康细胞的再生来修补，以恢复组织完整性的过程。修复过程的快慢及完整与否受许多因素影响，这些因素除受损伤的组织类型外，还有致损伤因子、营养、血液供应、感染、组织缺损多少等。

组织修复分为两种类型：一类为再生的组织其结构和功能与原来的组织完全相同，称为"完全再生"；另一类为缺损的组织不能完全由结构和功能相同的组织来修补，而由肉芽组织来代替，最后形成疤痕，称为"不完全再生"，也叫疤痕修复，组织能否完全再生主要取决于组织的再生能力及组织缺损的程度。

人体组织细胞修复再生能力的强弱分布

再生能力较强的：结缔组织细胞、小血管、淋巴造血组织的一些细胞、表皮、粘膜、骨、周围神经、肝细胞及某些其他腺上皮再生能力较强，损伤后一般能够完全再生。但是，如果损伤很严重，则上述大多数组织将部分以疤痕修复。

再生能力较弱的：平滑肌、横纹肌等再生能力较弱，而心肌的再生能力更弱，缺损后基本上为疤痕修复。

缺乏再生能力的：神经细胞在出生后缺乏再生能力，缺损后由神经胶质来修补。

●各种组织的修复

肉芽组织：结缔组织再生旺盛时，常伴有活跃的毛细血管增生，以提供营养，于是形成纤维母细胞及毛细血管都很丰富的幼稚结缔组织，称为肉芽组织。

疤痕：缺损的组织不能完全由结构和功能相同的组织来修补，而由肉芽组织来代替称为疤痕。

细胞：细胞是人体和其他生物的基本构造单位。体内所有的生理机能和生化反应，都是在细胞及其产物的物质基础上进行的。

细胞在结构上大致可分为三部分，即细胞质、细胞核和细胞膜。

核酸和蛋白质：是构成人体细胞的主要化学物质。人体包含有很多细胞，每个细胞都进行着新陈代谢，各细胞在代谢过程中从组织液摄取营养物质和排出代谢产物，组织液又与血液进行这种物质交换。

ABO 血型与遗传

●传统的 ABO 血型分类

1920年，奥地利维也纳大学的病理学家兰德斯坦纳发现，如果按血液中红细胞所含抗原物质来划分血型就可以避免病人因输血而频频发生的血液凝集导致病人死亡的悲剧。具体的区分是，以人血液中红细胞上的抗原与血清中的抗体来定型。一个人红细胞上含有A抗原（又称凝集原），而血清中含有抗B抗体（又称凝聚素）的称为A型；红细胞上含有B抗原，而血清中含有抗A抗体的称为B型；红细胞上含有A和B抗原，而血清中无抗A、抗B抗体的称为AB型；红细胞上不含A、B抗原，而血清中含有抗A和抗B抗体称为O型。1921年，世界卫生组织（WHO）正式向全球推广认同和使用A、B、O、AB四种血型，这也就是传统的ABO血型分类。由于在血型发现和分类上的贡献，兰德斯坦纳获得1930年的诺贝尔生理学或医学奖，并被誉为"血型之父"。

●人类 ABO 的血型是属于共显性遗传

人类的血型系统由A、B、O三个基因控制，每个人的血型有两个血型基因，分别继承父母各一个。在遗传基因中有显性因子与隐性因子，其中，A和B是显性因子（为"共显性"），O是隐性因子，这样A（B）

和O组合在一起只表现A（B），A和B组合在一起表现为AB，O和O组合在一起仍表现为O。孩子的血型决定于父母双方的血型基因，从表型来说，孩子的血型可以和父母相同，或与父母一方相同，也可完全不同。

现将传统ABO血型的遗传规律列表为：

可见，血型是有遗传规律的，依照血型遗传规律，如果知道父母的血型，便可推算出子女可能是哪种血型，不可能是哪种血型。血型作为一个人的遗传标志，可以用于研究种族的起源、变迁和亲子的血缘关系。在法医的亲权鉴定上，也可提供某些参考价值，当然，目前最准确的方法是DNA检测。除此之外，了解血型的遗传规律，对输血或治疗血液性疾病，也有重要意义。

一般地讲，人类的血型终生不变。但是有时也会发生改变，如在白血病、恶性肿瘤患者需进行骨髓移植、外周血干细胞移植、脐血干细胞移植，在移植前要用超大剂量化学治疗和放射治疗，使患者体内造血细胞遭受毁灭性打击，然后才植入供者的造血细胞，这样患者的整个造血系统就变成供者的造血系统。如果供者和患者的ABO血型不同，在移植成功后，则发生永久性的血型转换。

指纹的秘密

●什么是指纹？

在手指的指腹可以看到很多线状的隆起，称之为指纹。

指纹大体上分为三种基本纹样，弓状纹、滑状纹和蹄状纹。指纹的纹样因人种也有差异，东方人多为滑状纹，欧洲人多为蹄状纹。

指纹一生都不会改变，即使指尖被烧伤、肉被割伤，也会再次长出一模一样的指纹。每个人的指纹各异，连同双胞胎的指纹也不一样。据说全世界60多亿人中，还没有发现两个指纹完全相同的人。

●DNA 指纹

对现代生活产生深远影响的DNA指纹鉴别技术的发明者是英国科学家亚历克·杰夫里斯。DNA指纹是从血液或其他组织中提取基因的DNA，用特定的方法把DNA切割成很多长短不等的片段，把这些片段通过电泳的方法按长短分开，然后转移、固定和杂交。这些杂交的片段可以通过放射自显影或染色处理显示出来，形成图谱。不同个体的图谱是不同的，就像人的指纹一样互不相同，所以又叫DNA指纹。而同一个体的不同生长发育阶段和不同组织的DNA指纹是相同的。所以，它既有高度的个体特异性，同一个体又是一致和稳定的。从一滴血、一根毛发、精液等，甚至从鼻中的粘膜、唾液等都能随时做DNA指纹分析。现在已被广泛用于鉴定个体和法医DNA分析，误差率在百万分之一以下，因而结果是非常精确的。

由于DNA指纹的高度特异性和稳定性，世界各国目前已经在罪犯确认、血亲鉴定、确定遇难者身份等方面广泛使用这种技术。例如，在"9·11"恐怖袭击事件中，几千名遇难者的尸体支离破碎，科学家便利用DNA指纹鉴别死者身份。

●指纹帮助选择杰出的体育人才

短跑运动员通常具有图案极其简单的指纹，且指纹中的线条也非常少；而摔跤、拳击、自由式滑雪等运动员选手，他们的指纹则往往具有复杂的图案和繁多的线条。指纹图案简单、线条数量较少的指纹通常表示人的力量很大，但耐力和动作协调性较差。而形状复杂、线条数量较多的指纹则意味着人具有更好的耐力和协调性，但爆发力较弱。

俄罗斯专家表示："我们不能断定，具有某种指纹的孩子将来一定会成为伟大的运动员。但我们完全可以建议运动员从事某种易于他达到顶峰的体育项目，而不至于在并不适合自己的项目上浪费时间。这种方法简单有效，完全可以在普通体校使用。"

●指纹识别技术

依靠指纹这种唯一性和稳定性，我们就可以把一个人同他的指纹对应起来，通过比较他的指纹和预先保存的指纹进行比较，就可以验证他的真实身份。这就是指纹识别技术。

目前，指纹识别主要应用在考勤、门禁、保险箱柜等领域。相信，随着指纹识别技术的完善，还会广泛的应用在身份证、机动车、家居等更多的领域。指纹识别技术的巨大市场前景，将对国际、国内安防产业产生巨大的影响。

癌　　症

●癌是什么？

癌的拉丁文为canaer，原意是山蟹。山蟹又凶又怪，又爱乱爬，形象地反映了癌的凶恶与易扩散。"癌"，通俗点说就是人及动物身体有的细胞由于某些因素的作用，致使细胞恶性增殖而形成的一种恶性肿瘤。这些恶性增殖的细胞称为"癌细胞"。癌细胞的主要特征有：

一是能够无限增殖。在人的一生中，体细胞能够分裂 $50\sim60$ 次，而癌细胞却不受限制，可以长期增殖下去。二是癌细胞形态结构发生改变。如培养中的正常的成纤维细胞呈扁平梭形，当这种细胞转化成癌细胞后就变成球形。三是癌细胞表面发生了变化。由于细胞膜上的糖蛋白等物质减少，使得细胞彼此之间的粘着性减小，导致癌细胞容易在有机体内分散和转移。

常见的癌症有：血癌（白血病）、骨癌、淋巴癌（包括淋巴细胞瘤）、肠癌、肝癌、胃癌、盆腔癌（包括子宫癌和宫颈癌）、肺癌（包括纵隔癌）、脑癌、神经癌、乳腺癌、食道癌等。

●细胞如何发生癌变

目前，一些科学已经证明，癌细胞是由于原癌基因激活，细胞发生转化而引起的。具体地说，是人和动物细胞的染色体上普遍存在着原癌基因。在正常情况下，原癌基因终生处于抑制状态，不具有致癌作用。一旦由于病毒感染或理化因素作用（如紫外线照射），使原癌基因本身发生改变，就有可能使原癌基因从抑制状态转变成激活状态，从而使正常细胞不能正常地完成细胞分化，造成细胞癌变转化为癌细胞。

●癌症如何治疗

肿瘤呼唤合理、规范、科学的综合治疗。就是要根据病人的具体状况，肿瘤的病理类型、侵犯范围（病期）和发展趋向，有计划、合理地应用现有的治疗手段，以期较大幅度提高治愈率，改善病人的生存质量。当然，并不是所有病人都需要多种手段的治疗。有些播散程度很低的肿瘤，如皮肤癌在局限期，通过单一治疗包括手术、放疗甚至局部用药，都可以达到治愈，无需再追加其他治疗手段。一些很早期的肺癌和乳腺癌，单一手术治愈率可达90%以上，也不必追加放化疗。

●怎样进行放化疗才科学

第一，要规范放化疗的疗程和剂量。放化疗次数并非越多越好，大部分肿瘤化疗4~6个疗程就够了，再进行更多疗程并不能延长生存期，而病人生活质量则大幅度降低。第二，提倡联合用药。不同作用时期、不同作用机理、毒副反应不同的2~3种化疗药联合使用，能够增强效果，降低毒性。第三，对于已经出现的毒副反应需要及时进行对症治疗，必要时应暂停放化疗。第四，同时进行放化疗虽然疗效可能增加，便毒副反应也可能增加，故一定要慎之又慎。

所以，为了防止正常细胞发生癌变，我们要尽量避免接触物理的、化学的、病毒的等各种致癌因素。同时要注意增强体质，保持心态健康，养成良好的生活习惯，从多方面积极采取防护措施。我们相信，人类征服癌症已经为期不远了。